U0186600

工业机器人与 PLC 通信实战教程

智通教育教材编写组 编

主　编　黄廷胜　田增彬

副主编　李纲领　高志国　王刚涛　黄远飞

参　编　谢　承　张　华　马尊迎　谭卫锋　油涵真　辛选飞

　　　　钟海波　叶云鹏　韦作潘　梁　柱　崔恒恒　刘　刚

　　　　黄绍艺　郭　晨　张振海　刘俊峰　夏骁博　贺石斌

　　　　赵　君　胡　军　王天宇　李　涛　陈继宇　贺先发

机械工业出版社

本书基于作者多年的工业现场工作与教育培训经验，并结合当下热门的通信技术进行编写。全书共分为8章，主要围绕ABB工业机器人与PLC通信进行展开，其中第1章主要介绍当下通信技术的发展以及常见现场总线的发展；第2章主要介绍工业机器人I/O硬接线，加深理解各大品牌的工业机器人和PLC的连接方法；第3、4章以ABB工业机器人与三菱PLC为例介绍如何通过串行、CC-Link进行字节或字符串的数据传输；第5～8章以ABB工业机器人与西门子PLC为例介绍如何通过Profibus、Profinet、Socket、Modbus 4种通信技术分别进行参数设定、程序编写等操作实现大数据量的传输。本书围绕以上通信技术，以原理＋实例的形式进行介绍，尽量让读者更好地理解各种通信技术的应用方法。

　　本书提供PPT课件，请联系QQ296447532获取。

图书在版编目（CIP）数据

工业机器人与PLC通信实战教程／智通教育教材编写组编．—北京：机械工业出版社，2020.10（2023.10重印）

　ISBN 978-7-111-66545-8

　Ⅰ．①工…　Ⅱ．①智…　Ⅲ．①工业机器人—教材　Ⅳ．①TP242.2

中国版本图书馆CIP数据核字（2020）第176279号

机械工业出版社（北京市百万庄大街22号　邮政编码100037）

策划编辑：周国萍　　责任编辑：周国萍　贺　怡

责任校对：王　欣　　封面设计：马精明

责任印制：单爱军

北京虎彩文化传播有限公司印刷

2023年10月第1版第4次印刷

184mm×260mm・11印张・263千字

标准书号：ISBN 978-7-111-66545-8

定价：49.00元

电话服务	网络服务
客服电话：010-88361066	机　工　官　网：www.cmpbook.com
010-88379833	机　工　官　博：weibo.com/cmp1952
010-68326294	金　书　网：www.golden-book.com
封底无防伪标均为盗版	机工教育服务网：www.cmpedu.com

前言

随着社会的发展,工业现场中对数字化、智能化、自动化的要求越来越高。工业现场设备之间的信号交互,尤其是工业机器人与PLC(可编程逻辑控制器)之间通过硬接线的形式进行信号交互已经渐渐不能满足当下的需求。面对更高的信号传输要求以及暴增的通信数据量,应用现场总线与工业以太网无疑是当下最好的解决方案之一。本书是根据目前工业现场的应用情况,由多位实战经验丰富的教师经过数月的研讨编制而成。本书主要介绍当下热门的通信技术、I/O(输入/输出)硬接线技术、串行通信技术、CC-Link现场总线技术、Profibus现场总线技术、Profinet通信技术、Socket通信技术、Modbus通信技术;以ABB工业机器人与三菱PLC或西门子PLC通信为例,介绍如何进行各种通信方式的参数配置、程序编写,向读者展示出通信技术的实战应用。

读者通过对本书的学习,可以了解目前市场上常见的通信技术,学会其通信原理。因为通信技术的原理都是一样的,所以希望读者通过学习书中的例子,在面对不同品牌的设备时,能够通过原理实现互联,从而起到举一反三的作用。

广东智通职业培训学院(又称智通教育)创立于1998年,是由广东省人力资源和社会保障厅批准成立的智能制造人才培训机构,是广东省机器人协会理事单位、东莞市机器人产业协会副会长单位、东莞市职业技能定点培训机构。智通教育智能制造学院聘请广东省机器人协会秘书长、广东工业大学研究生导师廉迎战副教授为顾问,聘任多名曾任职于富士康科技集团、大族激光、诺基亚、超威集团、飞利浦、海斯坦普等知名企业的实战型工程师组建起阵容强大的智能制造培训师资队伍。智通教育智能制造学院至今已培养工业机器人、PLC、包装自动化、电工等智能制造相关人才16000余名。

本书在编写中参考了ABB工业机器人、三菱PLC和西门子PLC的技术文献,并根据智通教育智能制造学院多年来在智能制造领域的教学经验,由多名拥有丰富实战经验的资深工业机器人教师主导编写。其中黄廷胜、田增彬任主编,李纲领、高志国、王刚涛、黄远飞任副主编,参与编写的还有谢承、张华、马尊迎、谭卫锋、油涵真、辛选飞、钟海波、叶云鹏、韦作潘、梁柱、崔恒恒、刘刚、黄绍艺、郭晨、张振海、刘俊峰、夏骁博、贺石斌、赵君、胡军、王天宇、李涛、陈继宇、贺先发。

本书提供PPT课件,请联系QQ296447532获取。

本书适合工业自动化应用的技术人员,高等院校机电一体化、电气自动化等相关专业的师生,以及广大对工业自动化感兴趣的人员参考使用。

由于编者的水平有限,时间仓促,书中难免有疏漏,欢迎广大读者朋友批评和指正,我们一定虚心以待,让本书更加完善。

智通教育教材编写组

目录

第1章

通信概述

1.1 工业机器人与 PLC 通信概述

1. I/O 接线

I/O 是 Input/Output 的缩写，即输入输出端口。每个设备都会有一个专用的 I/O 地址，用来处理自己的输入输出信息。基本上设备都会有自己的输入输出端口与其他设备进行信号交互。

工业机器人或 PLC 要实现相关的控制功能，就要有相应的输入输出部件与电气元件，如按钮、行程开关、接近开关、传感器、电磁阀等要按照电气控制回路进行连接，配合程序，相互协作，共同完成自动运行的要求。

一般情况下，数字量输入输出都是 DC 24V（直流电压 24V）类型的。例如 ABB 工业机器人的 DSQC 652 板卡，具有 16 进 16 出的数字量信号，在 ABB 工业机器人中表现的是 0 和 1 两种状态。

2. 现场总线

国际电工委员会（IEC）对现场总线的定义为：现场总线是一种应用于工业生产现场，在现场设备与自动控制装置之间实行双向、串行、多节点数字通信的技术。

那么，现场总线是怎么来的呢？

现场总线（Field Bus）是 20 世纪 80 年代随着当时的社会发展与要求而出现的一种技术，目的是为了解决自动设备装置之间的信号交互问题。当时需要花费大量的线缆进行设备之间的连接，不仅生产成本高，还导致售后维护困难。这为现场总线的出现打下了基础。随着社会的发展，人们提出了更高的控制要求，当时急需一门新的技术为自动设备进行升级改造。

现场总线的概念最早在欧洲提出，随后全球多地对其进行研发，直到今天，活跃在世界上的现场总线已经多达几十种，为全球各地的自动化生产设备的交互提供了有力的支持。

目前，广泛应用的现场总线有 Profibus、CC-Link、Modbus、DeviceNet、CAN 等。

3. 工业以太网

随着社会进入到互联网时代，以太网技术得到了广泛的应用，其发展前景不可估量。互联网的便利，不仅改变了人们的生活，也改变了工业自动化的发展。

由于互联网有着传输速度快、兼容性好、耗能低、易于安装、技术成熟、协议开放等优势，人们把它用在了工业自动化领域，这也是工业自动化发展的必然要求。

当下的互联网技术使远程监控、远程协作成为现实。开放的协议，让不同的厂商可以轻易实现开发、互联。可以说，以太网技术已经是当今发展的重要领域。

目前，应用广泛的工业以太网协议有 Modbus TCP、Profinet、Ethernet/IP、Socket、Ether CAT 等。

4. 通信的概念

通信，简单来说就是交流、交互信息，是运用 I/O 接线、现场总线、工业以太网进行信息交互的总称。可以看到，不管社会怎么发展，自动化设备如何改造，其核心理念都是交互信息。不管怎么发展，将来怎么升级换代，其核心都是交流。通信使设备与设备之间、设备与人之间的信息交互得更加智能、快速、高效和稳定。

1.2　通信的发展前景

随着社会的发展、工业水平的不断提高，各类工业设备活跃于各个领域，为人们生产出了各种各样的产品。但是这也有一定的弊端，从计划自动化改造到研发机械装置再到正式落地安装调试，都需要耗费一定的人工与时间。加上各国都实行技术专利以及技术垄断等问题，人们需要一种可以适应多种环境、生产周期短、操控简单、能模拟人们工作的自动化设备来改善这种局面。随着工业机器人的诞生，其多关节与人相似，灵活、高效，只需要通过对其动作编程再与周边设备进行配合，即可完成各种工作。工业机器人的特性深受各大厂商的喜爱，掀起了一股工业机器人热潮。

随着德国提出的工业 4.0 智能化时代的概念，加上我国因为改革开放不断地发展，国家扶持力度加大，以及国内的 90 后、00 后年轻一辈大多不再愿意从事机械重复、每天加班加点的工作导致工厂招工难等一系列因素，让国内掀起了一股机器人换人的热潮，加快了我国工业机器人的发展。

目前工业机器人的应用越来越广泛，已经渗入到各行各业。尤其在高温、高危、对人体有害的工作中，工业机器人的高效性、精准性、稳定性都体现出了极大的优势。

工业自动化的进程加快，无人工厂、全自动化生产车间等概念被不断提出，也带动了通信的发展，并为现场总线与工业以太网提供了广阔的应用空间。

1.3　常见的工业自动化通信

1.3.1　I/O 信号交互

每个设备都会有基本的 I/O 量进行线路的连接。

在工业自动化的使用中，大多数情况下的数字量输入输出类型都是 DC 24V。在 ABB 工业机器人中表现为 0 或者 1（0 是断开，1 是闭合）。

ABB 工业机器人常见的标准 I/O 板 DSQC 652 如图 1-1 所示，其输入输出称为数字输入（Digital Input）和数字输出（Digital Output）。它的工作原理是将数字量的电信号转换为 DeviceNet 发送给 ABB 工业机器人。

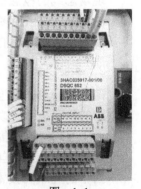

图　1-1

1.3.2　RS-232-C

RS-232C 是串行通信标准的一种。RS-232C 标准全称是 EIA-RS-232C 标准。为了制定电传打印机设备的标准接口，在 1970 年由美国电子工业协会联合贝尔系统和多家厂商共同制定了用于串行通信的标准，是用于定义在数据终端设备和数据通信设备之间串行二进制数据交换接口的技术。

EIA-RS-232C 中的 EIA 表示美国电子工业协会，RS 表示推荐标准，232 是通信技术标识号，C 表示最新修改的一版，之前还有 RS-232A、RS-232B。它规定了连接的电缆、特性、功能等标准。

RS-232C 标准接口的接收和发送都各使用一根导线，可实现同时接收与发送。因为是单线，所以其干扰较大。电气性能用 ±12V 标准脉冲。

由于 RS-232C 使用的是负逻辑，因此传输二进制数据时，"1"用 –15 ～ –5V 表示，"0"用 5 ～ 15V 表示。

1.3.3　RS-485

RS-485 是串行通信标准的一种。在 20 世纪 70、80 年代，工业控制技术与计算机网路技术使用日益广泛，在当时急需一种通信技术能够适应当前的远距离通信。1983 年，电子工业协会在 RS-422 的基础上，制定了 RS-485 标准。

RS-485 有多节点、通信距离远、抗干扰能力强、传输稳定等特点，一推出就得到了广泛的应用。RS-485 作为通用型标准，至今仍然活跃在各个领域。

RS-485 实际上是 RS-422 的变形。RS-422 采用两对差分平衡线路，而 RS-485 只用一对。差分电路的最大优点是抑制噪声。由于在它的两根信号线上传递着大小相同、方向相反的电流，而噪声电压往往在两根导线上同时出现，一根导线上出现的噪声电压会被另一根导线上出现的噪声电压抵消，因而可以极大地削弱噪声对信号的影响。

差分电路的另一个优点是不受节点间接地电平差异的影响。在非差分电路中，多个信号共用一根接地线，长距离传输时，不同节点接地线的电压差异可能相差好几伏，甚至会引起信号的误读。差分电路则完全不会受到接地电压差异的影响。

RS-485 采用的是二线差分平衡传输。其硬件只需要接两根线就可以实现数据传输，这两根线一般叫作 A 线、B 线。当电源采用 5V 供电时，A、B 两根线的电压差计算公式为 U_A–U_B。当计算电压差为 –2500 ～ –200mV 时定义为"0"，当计算电压差为 200 ～ 2500mV 时定义为"1"。

由于采用差分平衡的方式接线，因此 RS-485 是不能在同一时间内接收与发送数据的，只能发送或接收。

RS-485 标准接口之所以会被广泛应用，是因为它有以下特点：

1）具有更远的传输距离，理论上通信距离可达 3000m，实际上通信距离可达 1200m。

2）最多可连接 128 个接口，拥有多站点同时通信的能力。

3）最快传输速率可达 10Mbit/s。

4）抗干扰性能好。

5）接线简单，使用方便。

由于以上特点，RS-485 比 RS-232C 具有更高的使用价值。

1.3.4 CC–Link

CC-Link 的全称是控制与通信链路系统。1996 年，以三菱公司为主导的多家企业推出现场总线 CC-Link。作为第一个由亚洲人推出的现场总线，因其应用简单、节省成本，以及优异的性能迅速得到了认可，目前在亚洲地区占有较大份额，同时在欧洲和北美发展迅速。

CC-Link 是一个以设备层为主的网络，同时也可以覆盖控制层和传感层。它不仅解决了工业现场的复杂线路问题，还具有良好的抗干扰性与兼容性。开发者已经将 CC-Link 现场总线的协议设定好，用户只需要按照其规定的参数进行设置，即可实现多台设备的通信。在 2005 年 7 月，CC-Link 正式被中国国家标准委员会批准为中国国家标准指导性技术文件。

CC-Link 虽然没有 Profibus 应用广泛，但若使用三菱 PLC，则使用 CC-Link 无疑是很好的选择。

CC-Link 是一种可以同时高速处理控制和信息数据的现场总线，能提供高效、一体化的工厂和过程自动化控制，传输速率为 10Mbit/s 时的传输距离达到了 100m。

CC-Link 具有以下特点：

1）高速率和高输入输出响应。拥有最高 10Mbit/s 的传输速率，CC-Link 可以完成高速和实时的 I/O 响应。

2）减少配线。在工业控制中，通过 CC-Link 连接，就可以减少大量的信号线，节省成本的同时，也节省了维护检修的时间。

3）CC-Link 对不同厂家提供了不同的兼容产品。CC-Link 提供了"内存映射行规"来定义不同类型的兼容产品，不同的厂商可以根据这一规则开发 CC-Link 产品。

4）扩展传输距离。最快传输速率 10Mbit/s 下的通信距离达到了 100m，传输速率在 156kbit/s 时达到了 1200m。传输速率越低，距离越远。如果使用了电缆中继器或光中继器，可以使通信距离延长。

5）拥有高效的 RAS 功能。RAS 功能包括备用主站、从站脱离、自动回复和在线监测，可以提高网络的稳定性。

6）高技术水平和简易性。兼容产品与提前设定好的参数，用户只需要通过几步操作即可连接。

7）CC-Link 的兼容产品越来越多。随着应用越来越广泛，CC-Link 的兼容产品也逐渐增多。

1.3.5 DeviceNet

1994 年，美国 Allen-Bradley 公司以 Bosch 公司开发的 CAN 作为其通信协定的基础，开发出 DeviceNet。其使用成本比 RS-485 要低，但是又有很好的稳定性。

2000 年 2 月，上海电器科学研究所（集团）有限公司与 ODVA 签署合作协议，共同筹建 ODVA China，目的是把 DeviceNet 这一先进技术引入中国，促进我国自动化和现场总线的发展。

2002 年 10 月 8 日，DeviceNet 现场总线被批准为国家标准。DeviceNet 中国国家标准编号为 GB/T 18858.3—2002，名称为《低压开关设备和控制设备　控制器－设备接口（CDI）第 3 部分：DeviceNet》。该标准于 2003 年 4 月 1 日开始实施，已被 GB/T 18858.3—2012 代替。

DeviceNet 是一种价格低、成本低、效率高、开放的现场总线。DeviceNet 可让工业现场省去复杂的接线。

DeviceNet 是一个规范和协议都开放的网络标准，任何人都可以通过 DeviceNet 供货商协会免费获得其协议。

DeviceNet 具有如下物理 / 介质特性：

1）主干线 - 分支线结构。

2）最多支持 64 个节点。

3）无须中断网络即可解除节点。

4）同时支持网络供电及自供电设备。

5）使用密封或开放式的连接器。

6）接线错误保护。

7）可选的数据传输波特率为 125bit/s、250bit/s、500bit/s。

8）可调整的电源结构，以满足各类需要。

9）可带点操作。

10）大电流容量。

11）内置式过载保护。

12）总线供电、主干线中包括电源线及信号线。

DeviceNet 中常用两种通信模式：传统的源 / 目的（点对点）模式，新型的生产者 / 消费者模式。

1.3.6　Profibus

Profibus 是由西门子等公司组织开发的一种国际化的、开放的、不依赖于设备生产商的现场总线标准。Profibus 最早可追溯于 1987 年德国开展的一个合作计划，目标是制作出一种串列的现场总线，可满足现场设备接口的基本需求。

Profibus 最早提出的是 Profibus FMS，是一个复杂的通信协议，为要求严苛的通信任务所设计，应用于车间级的通用性通信任务。在 1993 年提出了架构较简单、速度也提升许多的 Profibus DP。

1. Profibus 的分类

Profibus 分为 3 类：Profibus DP、Profibus PA、Profibus FMS。

（1）Profibus DP　分布式周边，在工厂自动化的应用中，用于传感器和执行器的高级数据传输，它以 DIN19245 的第一部分为例，根据其所需要达到的目标对通信功能加以扩充，DP 的传输速率为 12Mbit/s。一般构成一主多从的系统，主站和从站之间采用循环数据传输的方式进行工作。

它的设计旨在用于设备一级的高级数据传输。在这一级，中央处理器通过高速串行线与分散的现场设备进行通信。采用轮询循环的形式进行数据的传输。

Profibus DP 也是目前这 3 类中用得最多的。

（2）Profibus PA　是 Profibus 的过程自动化解决方案，PA 将自动化系统和过程控制系统与现场设备，如压力、温度和液位变送器等连接起来，代替了 4～20mA 模拟信号传输技术，在现场设备的规划、敷设电缆、调试、投入运行和维修等方面可节约成本 40% 以上，并大大提高了系统功能和安全可靠性，因此 PA 尤其适用于石油、化工、冶金等行业的过程自动化控制系统。

（3）Profibus FMS　它的设计旨在解决车间一级通用性信息任务，FMS 提供大量的通信服务，用以完成以中等传输速率进行的循环和非循环的通信任务。由于它是用于完成控制器和智能现场设备之间的通信，以及控制器之间的信息交换，因此，它考虑的主要是系统的功能，而不是系统的响应时间，应用过程通常要求的是随机的信息交换（如改变设定参数等）。强有力的 FMS 服务向人们提供了广泛的应用范围和更大的灵活性，可用于大范围和复杂的通信系统。在后来，Profibus 与以太网结合，产生了 Profinet 技术，取代了 Profibus FMS 的位置。

2. Profibus 的控制系统

Profibus 支持主 - 从系统、纯主站系统、多主多从混合系统等几种传输方式。主站具有对总线的控制权，可主动发送信息。对多主站系统来说，主站之间采用令牌方式传递信息，得到令牌的站点可在一个事先规定的时间内拥有总线控制权，并事先规定好令牌在各主站中循环一周的最长时间。按 Profibus 的通信规范，令牌在主站之间按地址编号顺序，沿上行方向传递。主站在得到控制权时，可以按主 - 从方式向从站发送或索要信息，实现点对点通信。主站可以对所有站点广播（不要求应答），或有选择地向一组站点广播。

3. Profibus DP 的 3 个版本

Profibus DP 经过功能扩展，有 DP-V0、DP-V1 和 DP-V2 共 3 个版本。

1）DP-V0：循环式的数据交换，诊断机能。

2）DP-V1：循环式及非循环式的数据交换，警告处理。

3）DP-V2：时钟同步数据模式，从机和从机之间的数据广播。

1.3.7　Profinet

Profinet 是 Profibus 国际组织在 1999 年开发的新一代通信系统，是分布式自动化标准的现代观念。它以互联网和以太网标准为基础，简单而无须任何改变地将 Profibus 系统与现有的其他现场总线系统集成，这对满足从公司管理层到现场层的一致性要求是一个非常重要的方向。另外，它的重大贡献在于保护了用户的投资，因为现有系统的部件仍然可应用到 Profinet 系统中而无须做任何改变。

Profinet 应用 TCP/IP 的相关标准，是实时工业以太网。自 2003 年起，Profinet 是 IEC 61158 及 IEC 61784 标准的一部分。

Profinet 支持通过分布式自动化和智能现场设备的成套装备和机器的模块化。这种工艺模块是分布式自动化系统的关键特点，它简化了成套装备和机器部件的重复使用和标准化。此外，由于模块可事先在相应的制造厂内进行广泛的测试，因此显著地减少了本地投运所需要的时间。

Profinet 可以采用星形结构、树形结构、总线型结构和环形结构，而 Profibus 只有总线型结构。所以 Profinet 就是把 Profibus 的主从结构和 Ethernet 的拓扑结构相结合的产物。

为了达到上述的通信技能，定义了以下 3 种通信协定：

1）TCP/IP（传输控制协议 / 网间协议）是针对 Profinet CBA 及工厂调试用，其反应时间约为 100ms。

2）RT（实时）通信协定是针对 Profinet CBA 及 Profinet I/O 的应用，其反应时间小于 10ms。

3）IRT（等时实时）通信协定是针对驱动系统的 Profinet I/O 通信，其反应时间小于 1ms。

1.3.8 Socket

Socket，又叫套接字，它是网络通信过程中端点的抽象表示，包含进行网络通信必需的 5 种信息：连接使用的协议、本地主机的 IP 地址、本地进程的协议端口、远地主机的 IP 地址、远地进程的协议端口。

Socket 是应用层与 TCP/IP 协议族通信的中间软件抽象层，它是一组接口，如图 1-2 所示。在设计模式中，Socket 其实就是一个门面模式，它把复杂的 TCP/IP 协议族隐藏在 Socket 接口后面。对用户来说，一组简单的接口就是全部，因此让 Socket 去组织数据，以符合指定的协议。

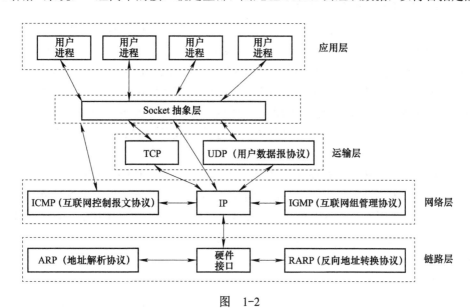

图 1-2

那么，什么是 TCP/IP 呢？

TCP/IP 即传输控制协议 / 网间协议，是一个工业标准的协议集，它是广域网设计的。

TCP/IP 协议族已经帮我们解决了网络中进程如何通信的问题，网络层的 IP 地址可以唯一识别网络中的主机，协议层的"协议 + 端口"可以唯一标识主机中的应用程序。因此我们利用三元组（IP 地址、协议、端口）就可以标识网络的进程了，网络中的进程通信就可以利用这个标志与其他进程进行交互。

Socket 是利用三元组解决网络通信的一个中间工具，就目前而言，几乎所有的应用程序都是采用 Socket。

1.3.9 Ethernet/IP

2000 年年底，工业以太网协会和 ODVA 组织提出了 Ethernet/IP 概念，之后 SIG 集团（Schueizerische Industrie-Gesellschaft）对其进行了规范。Ethernet/IP 技术采用标准的以太网芯片，并采用有源星形拓扑结构，将一组装置点对点地进行连接至交换机。

Ethernet/IP 的一个数据包最多可达 1500B，数据传输速率达 10 ～ 100Mbit/s，因而能实现大量数据的高速传输。基于 Ethernet TCP 或 UDP_IP 的规范是公开的，并由 ODVA 组织提供。另外，除了办公环境上使用的 HTTP（超文本传输协议）、FTP（文件传输协议）、SMTP（简单邮件传输协议）、SNMP（简单网络管理协议）的服务程序，Ethernet/IP 还具有生产者 / 客户服务，允许有时间要求的信息在控制器与现场 I/O 模块之间进行数据传送。非周期性的信息数据的可靠传输采用 TCP 技术，而有时间要求和同周期性控制数据的传输由 UDP 的堆栈来处理。

Ethernet/IP 具有定时收发数据的周期通信和不定时收发指令 / 响应的信息通信两种方式。在周期通信中，可按照收发数据的优先程度来设定，从而可以调整整体的通信量来收发数据，在信息通信中，可在必要时间通信所需要的指令 / 响应。信息通信无需循环通信的定时性，例如，可用于读写适配器设备的设定等。

Ethernet/IP 的成功是在 TCP、UDP 和 IP 上附加了 CIP（控制和信息协议层），提供了一个公共的应用层，其目的是提高设备间的互操作性。CIP 一方面提供实时 I/O 通信，另一方面实现信息的对等传输。其控制部分用来实现实时 I/O 通信，信息部分用来实现非实时的信息交换，并且采用控制协议来实现实时 I/O 报文传输或者内部报文传输。采用信息协议来实现信息报文交换和外部报文交换。CIP 采用面向对象的设计方案，为操作控制设备和访问控制设备中的数据提供服务方案，运用对象来描述控制设备中的通信信息、服务、节点的外部特征和行为等。

为了减少 Ethernet/IP 在各种现场设备之间传输的复杂性，Ethernet/IP 预先制定了一些设备的标准规定，如气动设备等不同类型的规定。目前，CIP 进行了以太网标准实时性和安全总线的实施工作，采用 IEEE 1588 标准的分散式控制器同步机制的 CIPSyne，基于 Ethernet/IP 技术，并结合安全机制实现 CIP Safety 的安全控制等。

1.3.10 Modbus

Modbus 是 Modicon 在 1979 年发明的，是全球第一个真正用于工业现场的总线协议。为了更好地普及和推动 Modbus 在基于以太网的分布式应用，目前施耐德公司已将 Modbus 协议的所有权交给 IDA 组织，并成立了 Modbus-IDA 组织，为 Modbus 今后的发展奠定了基础。在我国，Modbus 已经成为国家标准（GB/T 19582—2008）。

1. 特点

1）标准、开放，用户可以免费、放心地使用 Modbus 协议，不需要交纳许可证费用，也不会侵犯知识产权。目前，支持 Modbus 的厂家超过 400 家，支持 Modbus 的产品超过 600 种。

2）Modbus 可以支持多种电气接口，如 RS-232C、RS-485 等，还可以在各种传输介质上传送，如双绞线、光纤、无线等。

3）Modbus 的帧格式简单、紧凑、通俗易懂，用户使用容易，厂商开发简单。

2. 通信分类

Modbus 按照通信格式不同，大致分为 3 类：Modbus RTU、Modbus ASC II 和 Modbus TCP。虽然通信格式不同，但是其功能码是统一的。

3. ASC II 表

ASC II 表见表 1-1。

表 1-1

十进制	字符	解释	十进制	字符	解释
0	NUL	空字符	24	CAN	取消
1	SOH	标题开始	25	EM	媒介结束
2	STX	正文开始	26	SUB	代替
3	EXT	正文结束	27	ESC	换码
4	EOT	传输结束	28	FS	文件分隔符
5	ENQ	请求	29	GS	分组符
6	ACK	收到通知	30	RS	记录分组符
7	BEL	响铃	31	US	单元分隔符
8	BS	退格	32	（space）	空格
9	HT	水平制表符	33	!	叹号
10	LF	换行键	34	"	双引号
11	VT	垂直制表符	35	#	井号
12	FF	换页键	36	$	美元符
13	CR	回车键	37	%	百分号
14	SO	不用切换	38	&	和号
15	SI	启用切换	39	%apos	闭单引号
16	DLE	数据链转义	40	(	开括号
17	DC1	设备控制1	41	)	闭括号
18	DC2	设备控制2	42	*	星号
19	DC3	设备控制3	43	+	加号
20	DC4	设备控制4	44	,	逗号
21	NAK	拒绝接收	45	-	减号
22	SYN	同步空闲	46	.	句号
23	ETB	结束传输块	47	/	斜杠

（续）

十进制	字符	解释	十进制	字符	解释
48	0	字符 0	78	N	大写字母 N
49	1	字符 1	79	O	大写字母 O
50	2	字符 2	80	P	大写字母 P
51	3	字符 3	81	Q	大写字母 Q
52	4	字符 4	82	R	大写字母 R
53	5	字符 5	83	S	大写字母 S
54	6	字符 6	84	T	大写字母 T
55	7	字符 7	85	U	大写字母 U
56	8	字符 8	86	V	大写字母 V
57	9	字符 9	87	W	大写字母 W
58	:	冒号	88	X	大写字母 S
59	;	分号	89	Y	大写字母 Y
60	<	小于	90	Z	大写字母 Z
61	=	等于	91	[	开方括号
62	>	大于	92	\	反斜杠
63	?	问号	93	]	闭方括号
64	@	邮件符号	94	^	脱字符
65	A	大写字母 A	95	_	下划线
66	B	大写字母 B	96	`	开单引号
67	C	大写字母 C	97	a	小写字母 a
68	D	大写字母 D	98	b	小写字母 b
69	E	大写字母 E	99	c	小写字母 c
70	F	大写字母 F	100	d	小写字母 d
71	G	大写字母 G	101	e	小写字母 e
72	H	大写字母 H	102	f	小写字母 f
73	I	大写字母 I	103	g	小写字母 g
74	J	大写字母 J	104	h	小写字母 h
75	K	大写字母 K	105	i	小写字母 i
76	L	大写字母 L	106	j	小写字母 j
77	M	大写字母 M	107	k	小写字母 k

（续）

十进制	字符	解释	十进制	字符	解释
108	l	小写字母 l	118	v	小写字母 v
109	m	小写字母 m	119	w	小写字母 w
110	n	小写字母 n	120	x	小写字母 x
111	o	小写字母 o	121	y	小写字母 y
112	p	小写字母 p	122	z	小写字母 z
113	q	小写字母 q	123	{	开花括号
114	r	小写字母 r	124	|	垂线
115	s	小写字母 s	125	}	闭花括号
116	t	小写字母 t	126	~	波浪号
117	u	小写字母 u	127	DEL	删除

第2章

工业机器人 I/O 系统实战解析

2.1 电气元器件解析

1. 继电器

（1）介绍 继电器是一种控制转换器件，可通过继电器实现大小电流的转换，因此在电路中起着安全保护、转换电路的作用，是自动化行业中最常见的，也是电气控制中必不可少的电气元件。如图 2-1 所示为常见的中间继电器，左边为 8 脚继电器，有 1 个线圈，控制 2 个触点；右边为 14 脚继电器，有 1 个线圈，控制 4 个触点。

图 2-1

市场上的继电器分很多种类型，如电磁继电器、固态继电器、时间继电器等。目前使用最多的是线圈额定电压为直流 24V，触点额定电流为 5A 的继电器。其动作原理如图 2-2 所示。

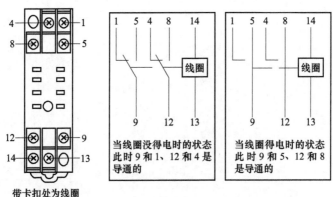

图 2-2

除了中间继电器，常见的还有模组继电器。一般情况下，模组继电器的触点额定电流都比较小，因此多用于转换电路上，如工业机器人与 PLC 的数字输入输出的转换，如图 2-3 所示。

图　2-3

模组继电器一般都是没有常闭触点的，只有常开触点。图 2-3 中均为 4 线圈 4 触点类型的模组继电器，左边每个线圈控制一个常开触点，4 个线圈的高低电平可任意转换；右边线圈采用的一个公共端对应 4 个信号，线圈要么全部使用高电平信号，要么全部使用低电平信号。总的来说两种模组继电器各有优点，一个使用灵活，一个节省配线。

（2）应用　使用继电器进行信号转换连线的示意图如图 2-4 所示。

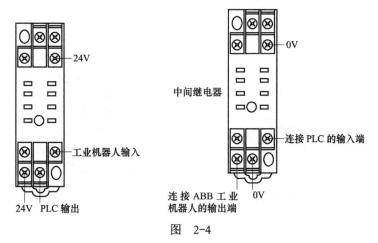

图　2-4

使用模组继电器进行信号转换连线的示意图如图 2-5 所示。

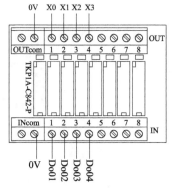

图　2-5

2. 传感器

（1）介绍　国家标准 GB/T 7665—2005 对传感器的定义是：能感受被测量并按照一定的规律转换成可用输出信号的器件或装置，通常由敏感元件和转换元件组成。

传感器作为一种检测装置，可将各种物理信号转化为电信号，最后传输到控制装置实现自动控制，是自动化行业中最常见、也是电气控制中必不可少的电气元件。图 2-6 所示是一个接近感应开关。

自动化控制已发展多年，传感器作为其中的重要一员，类型非常多，可按照用途、原理、输出信号、制造工艺、测量目的、构成、作用形式等进行分类，我们能想到的物理信号都可以转化成电信号。

那么在工业控制中，使用最多的有光电传感器、磁性传感器、接近传感器等，控制电压使用最多的是直流 24V。

接近传感器（见图 2-6）的检测距离根据型号不同一般在 1～4mm。其原理是当有金属物体靠近，达到检测距离时，感应器内部开关受磁场作用闭合，就会发出反应输出信号。

光电传感器（见图 2-7）的检测距离为 10～3000mm。其原理是通过把光强度的变化转换为电信号来实现控制。

图　2-6　　　　　　　　　　　　图　2-7

磁性传感器（见图 2-8）是通过磁场信号来控制线路开关的器件。

图　2-8

磁性传感器一般情况下都跟气缸搭配使用，用于检测气缸的限位以及状态。图 2-9 所示为磁性传感器的开关装在气缸上的状态。

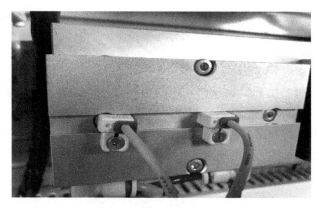

图　2-9

（2）应用　不管什么类型的传感器，主要都是将外部的物理信号转化为电信号，最后传输给控制设备。目前市场上传感器的线缆有两芯线、三芯线、四芯线和五芯线。线的颜色也有规定，有褐（或者红）、蓝、黑、白、粉。对这些传感器进行连接的方法如下：

1）两芯线的传感器，一般颜色有褐（或者红）、蓝两种，其接线方法如图 2-10 所示。

2）三芯线的传感器，有 PNP 型和 NPN 型，颜色一般有褐（或者红）、蓝、黑 3 种，黑色一般都是作为信号线。ABB 工业机器人的输入信号为 PNP，因此 PNP 类型的传感器连接的时候是不需要通过转换的，可以直接连接，接线方法如图 2-11 所示。

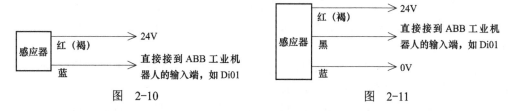

图　2-10

图　2-11

3）NPN 类型的传感器连接 ABB 工业机器人的时候需要通过继电器的转换，将电平高低转换成与 ABB 工业机器人一致，接线如图 2-12 所示。

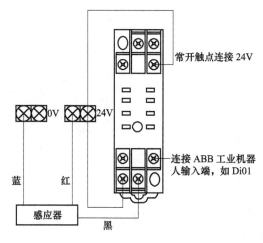

图　2-12

4）对于四芯线、五芯线传感器，其连接原理与三芯线类似，只是多了公共端或者分为常开、常闭触点。

3. 电磁阀

（1）介绍　电磁阀是用来控制流体（如气体、液体等）的自动化基础元件，通过电磁的特性来控制阀门进行切换。在自动控制中，电磁阀也是一种很常见的电气元件。

同样的，根据不同的电压、不同的用途，电磁阀的类型有很多。下面介绍两种常见的电磁阀：单线圈电磁阀和双线圈电磁阀。图 2-13 所示为单线圈电磁阀，图 2-14 所示为双线圈电磁阀。

图　2-13 　　　　　　　　　　　　　　　　图　2-14

（2）应用　电磁阀不管大小、流量、尺寸等有什么不同，其工作原理都是一样的。

单线圈电磁阀在线圈得电后会拉动阀芯切换，一旦失电后，会依靠其机械力量回到初始的状态。

双线圈电磁阀是在线圈 1 得电后机械部分动作，失电后位置不变。线圈 2 得电后，机械部分从 1 的位置变为 2 的位置，失电后保持。

双线圈电磁阀采用自锁自保持，瞬间通电即可保证需要的工作状态，可以用于气缸夹取物品时，遇到突发断电的情况保持当前状态而避免物品掉落的问题。

另外电磁阀数量比较多的话，可以选择汇流板，将多个电磁阀连接在一起，整体使用更加方便和美观，图 2-15 所示为汇流板以及汇流板安装示意。

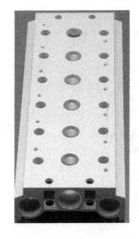

图　2-15

4. 接触器

（1）介绍　接触器是利用线圈得电后的电流产生磁场，将触点吸合，以达到快速控制负载，当失电后触点又会快速回到初始状态的电气元件。一般由电磁系统、触头系统和灭弧装置组成。控制负载的电流为 5 ～ 1000A，同时还具有低电压释放保护作用，用途非常广泛。

接触器常用在控制主回路以及大负载、大电流的通断上。其在控制上与中间继电器有点类似。主要区别在于继电器用于信号转换和低电流的控制电路。

接触器有很多种分类，最常见的是交流接触器和直流接触器。其动作原理和结构基本上都是相同的，最大的区别就是其结构上铁心和线圈的不同。在应用中，只需要知道线圈使用的分别是交流电与直流电。而且注意交流接触器与直流接触器不能混合使用，当把直流电连接到交流接触器上会烧毁线圈，当把交流电连接到直流接触器上，会使线圈无法吸合。

交流接触器具有控制简单、承载功率较大、价格便宜、方便维修更换等优点，因而得到更广泛的应用。图 2-16 所示为常见的交流接触器。

（2）应用　在产品选型的时候要根据实际所需进行选择，一般在交流接触器的侧边会有铭牌显示其使用参数。图 2-17 所示的正泰交流接触器的型号为 CJX2-12，其额定电流为12A，最大电流为 20A。

图　2-16　　　　　　　　　　　　　　　图　2-17

交流接触器线圈的额定工作电压为 12 ～ 380V，可根据控制电路的大小进行选择。线圈接线部分要根据对应的要求进行连接。A1、A2 就是线圈连接端口；220V 50Hz 表示线圈控制电压，如图 2-18 所示。

触点部分，一般 L1、L2、L3 都是常开触点，用于连接控制电路。最右边的若显示 NO 则表示常开触点，若显示 NC 则表示常闭触点，如图 2-19 所示。

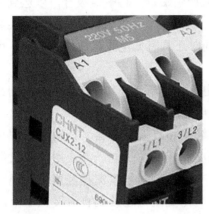

图 2-18

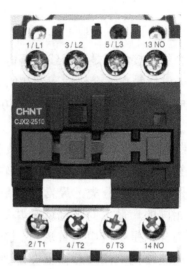

图 2-19

2.2 常见 PLC 接线总结

PLC，又叫可编程逻辑控制器，是专门在工业环境下应用的设备。

在 PLC 中按应用类型分为大、中、小型，其中小型 PLC 的成本最低，应用最广泛。目前小型 PLC 的输入输出信号大多都是直流 24V，分为晶体管、继电器、晶闸管 3 类。在日常使用时主要以晶体管和继电器类型比较常见。

以三菱 FX$_{3U}$-32MT-ES-A 为例，如图 2-20 所示。

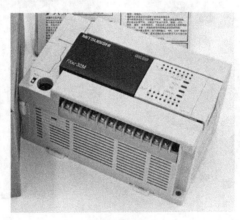

图 2-20

型号名称中，MT 表示晶体管，只能是低电平输出，因此 COM 端连接 0V；MR 表示继电器，根据其公共端 COM 连接正极还是负极来决定其输出。另外，输入端都可以根据公共端 S/S 连接正负极，决定其输入信号的电平。

如图 2-21 所示，输入端 S/S 连接 0V，则输入为高电平；当 S/S 连接 24V 时，输入为低电平。

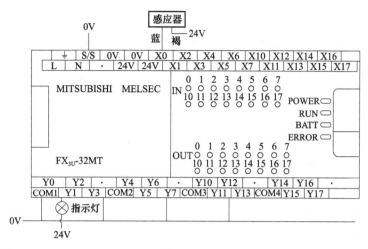

图 2-21

2.3 各大品牌机器人接线总结

工业机器人，又叫多关节机械手，是一种面向自动化领域开发的机械设备。它可根据控制要求预先进行编程，靠自身动力和控制能力来实现各种功能。下面为大家介绍工业机器人常见品牌的 I/O 配置与硬件接线。

2.3.1 ABB 工业机器人接线解析

ABB 工业机器人的 I/O 模块种类很多，如 DSQC 651、DSQC 652、DSQC 378B 等。此类模块大多都是将电信号转换为 DeviceNet 信号，再发送到机器人系统。

图 2-22 所示为 DSQC 652 模块，下面以此模块进行 I/O 配置与接线讲解。

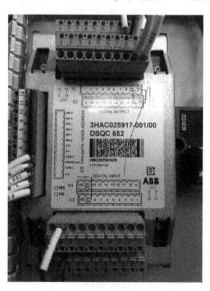

图 2-22

1. I/O 配置

ABB 工业机器人新增加 I/O 模块，需要通过示教器或者仿真软件进行配置后才能使用。

（1）添加模块　添加路径为："控制面板 - 配置 -I/O-DeviceNet Device- 添加"，模板选择"DSQC 652 24 VDC I/O Device"，修改"Address"（地址）。图 2-23 所示为添加模块示意图。

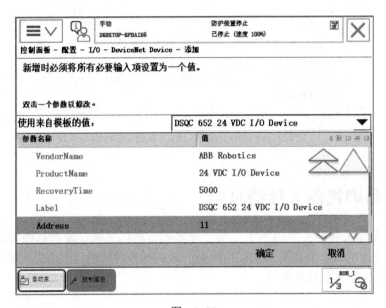

图　2-23

DSQC 652 模块的地址在 X5 端口上，其分布如图 2-24 所示。地址默认值为10，若要修改地址，可将 7 ～ 12 脚进行修改。

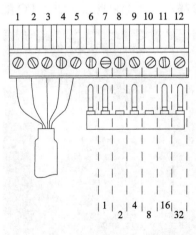

图　2-24

（2）添加 I/O 信号　DSQC 652 模块上的 X1、X2 为数字输出端，X3、X4 为数字输入端，各个端子上的 9、10 脚均为直流 24V 电压公共端，X1、X2 的 9、10 脚分别需要接 0V 和 24V；X3、X4 的 9 脚需要连接 0V。其地址分配如图 2-25 所示。

X1端子编号	使用定义	地址分配
1	OUTPUT CH1	0
2	OUTPUT CH2	1
3	OUTPUT CH3	2
4	OUTPUT CH4	3
5	OUTPUT CH5	4
6	OUTPUT CH6	5
7	OUTPUT CH7	6
8	OUTPUT CH8	7
9	0V	
10	24V	

X2端子编号	使用定义	地址分配
1	OUTPUT CH9	8
2	OUTPUT CH10	9
3	OUTPUT CH11	10
4	OUTPUT CH12	11
5	OUTPUT CH13	12
6	OUTPUT CH14	13
7	OUTPUT CH15	14
8	OUTPUT CH16	15
9	0V	
10	24V	

X3端子编号	使用定义	地址分配
1	INPUT CH1	0
2	INPUT CH2	1
3	INPUT CH3	2
4	INPUT CH4	3
5	INPUT CH5	4
6	INPUT CH6	5
7	INPUT CH7	6
8	INPUT CH8	7
9	0V	
10	未使用	

X4端子编号	使用定义	地址分配
1	INPUT CH9	8
2	INPUT CH10	9
3	INPUT CH11	10
4	INPUT CH12	11
5	INPUT CH13	12
6	INPUT CH14	13
7	INPUT CH15	14
8	INPUT CH16	15
9	0V	
10	未使用	

图 2-25

在示教器添加 I/O 信号，添加路径为："控制面板 - 配置 -I/O-Signal- 添加"。添加 I/O 信号的基本 4 项包括："Name"（名称）、"Type of Signal"（信号类型）、"Assigned to Device"（板卡选择）、"Device Mapping"（板卡地址），如图 2-26 所示。

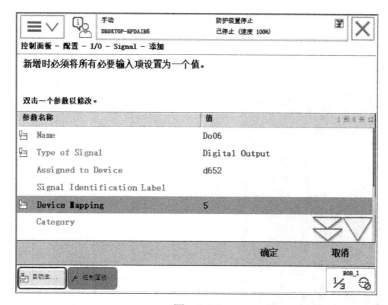

图 2-26

2. 新款 I/O 模块配置：DSQC 1030

近几年，ABB 工业机器人推出了新款的十六点的数字量 I/O 模块：DSQC 1030，用于代替旧款的 DSQC 652。如图 2-27 所示。

图 2-27

DSQC 1030 使用的是 Ethernet/IP 协议，其原理是将 I/O 连线的电信号转换为 Ethernet/IP 通信信号再传输到工业机器人系统。

（1）硬件连接　X1 为数字输出端，X2 为数字输入端。1 ～ 16 分别对应数字输入 / 输出，接线方式如图 2-28 所示。

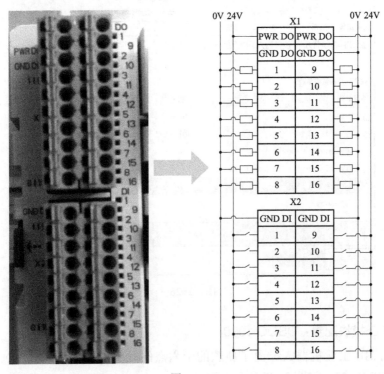

图 2-28

X3 端口在模块的下方，作为扩展网口，位置如图 2-29 所示。

X4 端口为设备供电接口，默认从工业机器人的自带 24V 供电处连接，正常情况下不需要做改动，如图 2-30 所示。

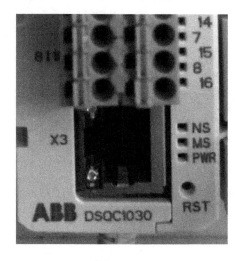

图　2-29   图　2-30

X5 网口位于模块的底部，连接到控制器 X4 LAN2 网口上，用于 DSQC 1030 与控制器通信。

（2）I/O 配置　DSQC 1030 模块的 I/O 有两种方法。

1）若 I/O 模块未进行配置，则工业机器人一开机的时候，一般情况下示教器会直接弹出提示窗口，如图 2-31 所示。

根据提示的步骤单击配置，完成 I/O 配置，如图 2-32 所示。

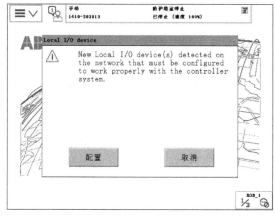

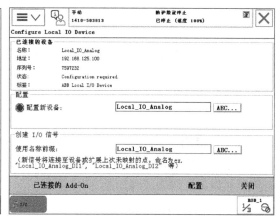

图　2-31   图　2-32

完成配置之后，提示是否重启系统，如图 2-33 所示。

重启完成后，在配置中就可以看到所有信号都自动分配完成，如图 2-34 所示。

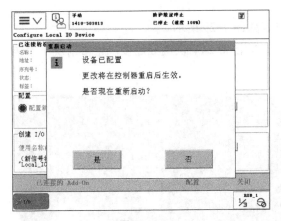

图 2-33

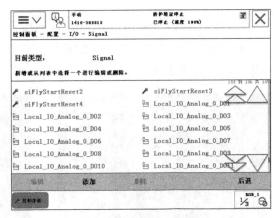

图 2-34

2）若开机没有任何提示，或者错过了自动配置，可前往控制面板手动添加。

添加路径为："控制面板 - 配置 -I/O-Ethernet/IP Device- 添加"，模板选择"ABB Local I/O Device"。

将模板添加完成后，找到"Address"修改地址，默认地址为"192.168.125.100"，如图 2-35 所示。

将 I/O 模块添加完成后，下一步添加 I/O 信号，I/O 信号的添加步骤与 DSQC 652 模块的相同，只需要在模块类型选择对应的"Local_IO"即可，如图 2-36 所示。

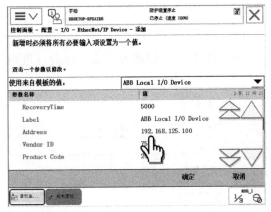

图 2-35

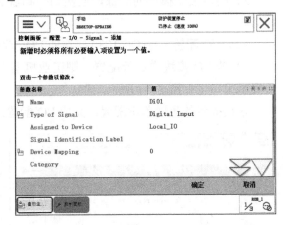

图 2-36

3. I/O 接线

不管是新版还是旧版的 I/O 模块，其输入输出都是高电平的。与按钮和指示灯连接线路如图 2-37 所示。

4. I/O 模块扩展知识

DSQC 1030 作为基础模块，还可以在其基础上添加额外的模块，如 DSQC 1031（16 点数字量输入输出模块）、DSQC 1032（4 个模拟量输入和 4 个模拟量输出模块）、DSQC 1033（8 点继电器输入输出模块）。

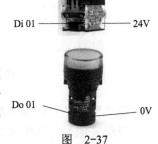

图 2-37

根据添加的不同模块，在配置参数的时候，也需要选择不同的模板，如图 2-38 所示。

ABB Local I/O Device 表示基础模块，也就是 DSQC 1030。

ABB Local I/O Device + Digital 表示基础模块 + 数字量，意思就是额外添加 DSQC 1031。

ABB Local I/O Device + Analog 表示基础模块 + 模拟量，意思就是额外添加 DSQC 1032。

ABB Local I/O Device + Relay 表示基础模块 + 继电器，意思就是额外添加 DSQC 1033。

图　2-38

当额外添加的模块需要添加信号的时候，其地址是接在 DSQC 1030 模块的地址之后的。例如，添加 DSQC 1030 + DSQC 1301 模块，那么 DSQC 1031 的地址为 16-31，见表 2-1。

表　2-1

DSQC 1031			
数字量输入	地址	数字量输出	地址
Di17	16	Do17	16
Di18	17	Do18	17
Di19	18	Do19	18
Di20	19	Do20	19
Di21	20	Do21	20
Di22	21	Do22	21
Di23	22	Do23	22
Di24	23	Do24	23
Di25	24	Do25	24
Di26	25	Do26	25
Di27	26	Do27	26
Di28	27	Do28	27
Di29	28	Do29	28
Di30	29	Do30	29
Di31	30	Do31	30
Di32	31	Do32	31

若添加 DSQC 1030 + DSQC 1032 模块，首先要知道 DSQC 1032 的每个模拟量信号占 16bit，因此各模拟量的地址见表 2-2。

表 2-2

DSQC 1032			
模拟量输入	地址	模拟量输出	地址
Ai01	16 ~ 31	Ao01	16 ~ 31
Ai02	32 ~ 47	Ao02	32 ~ 47
Ai03	48 ~ 63	Ao03	48 ~ 63
Ai04	64 ~ 79	Ao04	64 ~ 79

2.3.2 KUKA 工业机器人接线解析

1. I/O 硬件

目前 KUKA 工业机器人的 I/O 模块使用 EK1100 模块，其供电电源为直流 24V。数字输入使用 EL1809 板卡，拥有 16bit 数字量输入；数字输出使用 EL2809 板卡，拥有 16bit 数字量输出。它是将电信号转换成 EtherCAT 总线信号再传输给 KUKA 工业机器人，图 2-39 所示为 KUKA 的 I/O 模块示意。

图 2-39

2. I/O 配置

KUKA 工业机器人的 I/O 配置需要通过 WorkVisual 软件进行配置，如图 2-40 所示。

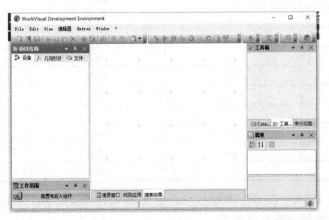

图 2-40

3. I/O 接线

KUKA 工业机器人的数字量输入输出都是高电平，其按钮指示灯接线如图 2-41 所示。

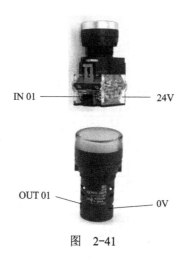

IN 01 ——————— 24V

OUT 01 ——————— 0V

图　2-41

2.3.3　安川工业机器人接线解析

1. I/O 硬件

安川工业机器人的常用 I/O 接口为 CN306（数字量 I/O）、CN307（继电器 I/O）、CN308（数字量 I/O）、CN309（外部控制）。图 2-42 所示为 CN306 接线端子台。

图　2-42

2. I/O 配置

安川工业机器人的 I/O 信号不需要进行配置，按照系统要求，找到对应的点位可直接使用 I/O 信号。例如要使用 IN 10 信号，根据图 2-43 中的表格，直接连接在 CN306 端子的 A1 上即可。

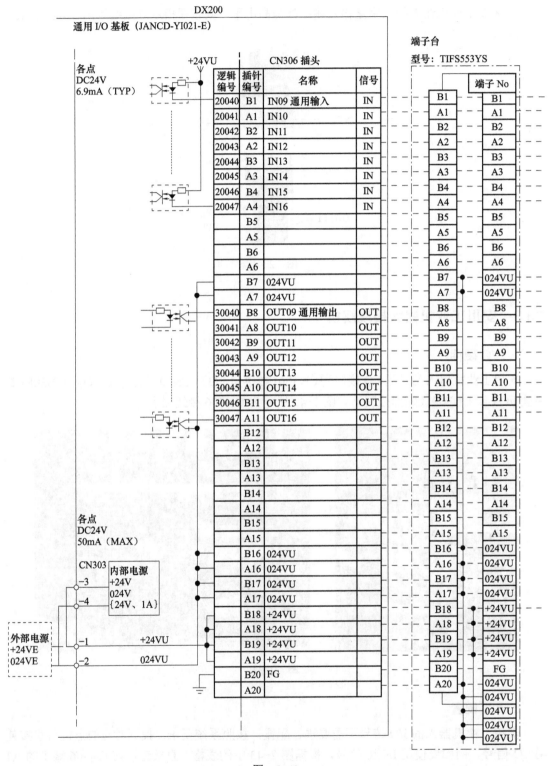

图 2-43

3. I/O 接线

外接直流 24V 电源位于 CN303 接口，其 1、2 端口分别为 24V、0V 电源供电；3、4 端口分别为 24V、0V 电源供电。如图 2-43 的左下角所示。

若使用内部供电，则将 1、3 短接，2、4 短接。若使用外部供电，则将 3、4 端口接到外部 24V 电源即可，如图 2-44 所示。

安川工业机器人的数字 I/O 信号的输入输出均为低电平，其按钮与指示灯的接法如图 2-45 所示。

图　2-44

图　2-45

2.3.4　FANUC 工业机器人接线解析

1. I/O 硬件

FANUC 工业机器人的 I/O 模块常见的有 CRM15（数字量接口）和 CRM16（系统控制接口）两种，分为精简和完整两个分配方案，图 2-46 所示为简略版 I/O 接线端子台。

图　2-46

2. I/O 配置

FANUC 工业机器人的 I/O 模块不需要过多的配置，直接接入到系统中即可使用。根据固定的 I/O 分配表进行线路连接，见表 2-3 和表 2-4 所示。

在图中，SDICOM1、SDICOM2、SDICOM3 是输入的公共端；DOSRC1、DOSRC2 是输出的公共端。0V、24V 是工业机器人系统自带的 24V 电源。

表 2-3

			CRM15				
线号	通道号	（CRM16 简略）	（CRM16 完整）	线号	通道号	（CRM16简略）	（CRM16 完整）
1	IN1	DI101	UI01 IMSTOP	26	/	/	/
2	IN2	DI102	UI02 HOLD	27	/	/	/
3	IN3	DI103	UI03 SFSPD	28	/	/	/
4	IN4	DI104	UI04 CYCLESTOP	29	/	0V	0V
5	IN5	DI105	UI05 FAULTRESET	30	/	0V	0V
6	IN6	DI106	UI06 START	31	/	DOSRC1	DOSRC1
7	IN7	DI107	UI07 HOME	32	/	DOSRC1	DOSRC1
8	IN8	DI108	UI08 ENABLE	33	OUT01	DO101	UO01 CMDENBL
9	IN9	DI109	UI09 PNS1	34	OUT02	DO102	UO02 SYSRDY
10	IN10	DI110	UI10 PNS2	35	OUT03	DO103	UO03 PROGRUN
11	IN11	DI111	UI11 PNS3	36	OUT04	DO104	UO04 PAUSED
12	IN12	DI112	UI12 PNS4	37	OUT05	DO105	UO05 HELD
13	IN13	DI113	UI13 PNS5	38	OUT06	DO106	UO06 FAULT
14	IN14	DI114	UI14 PNS6	39	OUT07	DO107	UO07 ATPERCH
15	IN15	DI115	UI15 PNS7	40	OUT08	DO108	UO08 TPENBL
16	IN16	DI116	UI16 PNS8	41	/	/	/
17	/	0V	0V	42	/	/	/
18	/	0V	0V	43	/	/	/
19	/	SDICOM1	SDICOM1	44	/	/	/
20	/	SDICOM2	SDICOM2	45	/	/	/
21	/	/	/	46	/	/	/
22	IN17	DI117	UI17 PNSROBE	47	/	/	/
23	IN18	DI118	UI18 PROD_START	48	/	/	/
24	IN19	DI119	UI119	49	/	24V	24V
25	IN20	DI120	UI120	50	/	24V	24V

表　2-4

			CRM16				
线号	通道号	（CRM16 简略）	（CRM16 完整）	线号	通道号	（CRM16 简略）	（CRM16 完整）
1	IN21	UI02 XHOLD	DI81	26	OUT17	DO117	UO17 ACK7
2	IN22	UI05 RESET	DI82	27	OUT18	DO118	UO18 ACK8
3	IN23	UI06 START	DI83	28	OUT19	DO119	UO19 SNACK
4	IN24	UI08 ENBL	DI84	29	/	0V	0V
5	IN25	UI09 PNS1	DI85	30	/	0V	0V
6	IN26	UI10 PNS2	DI86	31	/	DOSRC2	DOSRC2
7	IN27	UI11 PNS3	DI87	32	/	DOSRC2	DOSRC2
8	IN28	UI12 PNS4	DI88	33	OUT21	UO01 CMDENBL	DO81
9	/	/	/	34	OUT22	UO06 FAULT	DO82
10	/	/	/	35	OUT23	UO09 BATALM	DO83
11	/	/	/	36	OUT24	YO010 BUSY	DO84
12	/	/	/	37	/	/	/
13	/	/	/	38	/	/	/
14	/	/	/	39	/	/	/
15	/	/	/	40	/	/	/
16	/	/	/	41	OUT09	DO109	UO09 BATALM
17	/	0V	0V	42	OUT10	DO110	UO10 BUSY
18	/	0V	0V	43	OUT11	DO111	UO11 ACK1
19	/	SDICOM3	SDICOM3	44	OUT12	DO112	UO12 ACK2
20	/	/	/	45	OUT13	DO113	UO13 ACK3
21	OUT20	DO120	UO20 预留	46	OUT14	DO114	UO14 ACK4
22	/	/	/	47	OUT15	DO115	UO15 ACK5
23	/	/	/	48	OUT16	DO116	UO16 ACK6
24	/	/	/	49	/	24V	24V
25	/	/	/	50	/	24V	24V

3. I/O 接线

　　FANUC工业机器人的数字量输入端可根据公共端的不同接法决定其高低电平。数字量输出端固定是低电平输出。

　　若FANUC 工业机器人的数字量输入的公共端连接24V，则其输入输出的接线如图 2-47 所示。

DI101 ——　　　　—— 0V

DO101 ——　　　　—— 24V

图　2-47

第3章
串行通信实战解析

3.1 串行通信基础

本章只对 RS-232C 标准进行讲解。

1. 硬件结构

RS-232C 通信标准所使用的连接器为 DB25 和 DB9 两种，DB25 为传统标准所用连接器，后来 IBM 公司将 RS-232C 标准简化成使用 DB9 连接器，如图 3-1 所示，分为公头（带针）和母头（带孔）。

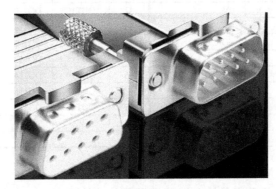

图 3-1

在串口的针脚处，都标有 1 到 9 的数字，每个针脚的标准定义见表 3-1。有一点要说明的是，公、母头的区别只在于 2、3 针脚。

表 3-1

针脚编号	方向	定义
1	输入	DCD：接受线信号检测
2	公：输入 / 母：输出	公：RXD：接收信号 / 母：TXD
3	公：输出 / 母：输入	公：TXD：发送信号 / 母：RXD
4	输出	DTR：数据终端准备好
5	—	GND：信号地
6	输入	DSR：数据装置就绪
7	输出	RTS：请求发送
8	输入	CTS：清除请求
9	输入	RI：振铃指示

2. 应用方式

从表 3-1 可以看出连接器有 9 针，但是在一般的工业应用场合，只需要连接 2、3、5 这 3 个针脚就可以实现正常的数据传输。

当设备的针脚定义都是标准的情况下，连接方式如图 3-2 所示。

图　3-2

看过图 3-2 后可以发现，连接方式都是 A 设备的 TXD 对应 B 设备的 RXD，反过来同理。若两边接头的 2、3 脚互换连接，叫作交叉线；若两边接头的 2、3 脚直接连接，叫作直连线。

小贴士　现在市场上的设备种类多，并不是所有的设备都会是标准的接口，因此需要用到串口的时候，首先就是要查看设备说明书，只需要找到接口的接收（RXD）、发送（TXD）和地线（GND）并按要求连接即可。

通过图 3-2 可知，串口是通过单线进行传输，线间干扰较大。一般日常使用中，传输速率都不宜超过 20kbit/s，而且当传输速率为 19200bit/s 时，电缆长度最大只有 15m。适当降低传输速率可以延长通信距离，提高稳定性。

3.2　ABB 工业机器人应用解析

3.2.1　硬件连接

ABB 工业机器人需要有 DSQC 1003 模块下的 COM1 口实现串口之间的数据传输，硬件如图 3-3 所示。

COM1 口为公头，针脚的定义符合 RS-232C 标准，因此针脚定义可见表 3-1。

图　3-3

小贴士　使用时需要注意的一点就是，尽量不要带电插拔串口，否则容易损坏串口芯片。

3.2.2　参数配置

众所周知，通信时都需要设定相应的通信参数。下面就为大家讲解如何设定 ABB 工业机器人的相关参数。另外，ABB 工业机器人使用串口是不需要额外添加任何系统选项的。

1）在示教器的界面上，选择"控制面板"，如图 3-4 所示。

图　3-4

2）进入控制面板后，单击"配置"，如图 3-5 所示。

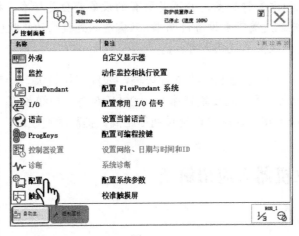

图　3-5

3）进入配置后，单击"主题"，选择"Communication"，如图 3-6所示。

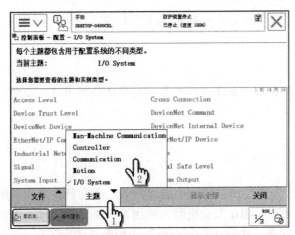

图　3-6

4）单击"Sreial Port"，如图 3-7 所示。

图　3-7

5）在此界面可以看到"COM1"，单击进入串行接口参数设定，如图 3-8 所示。

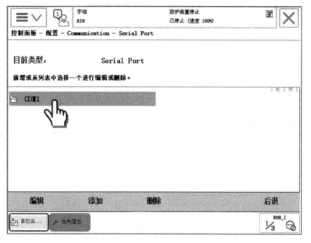

图　3-8

6）需要设置的各项串行参数如图 3-9 和图 3-10 所示，各个参数的含义如下：

Name：名字，不用修改。

Connector：连接端口，不用修改。

Baudrate：波特率，默认是 9600bit/s。波特率，就是一秒传输多少位。例如 9600 表示 1s 传输 9600bit，通过换算就能知道传输 1B 所需时间。在此选择默认值 9600。

Parity：奇偶校验，默认是 None，即是无。奇偶校验，就是传输方式的一种校验。以传输数据中 1 的个数为奇数还是偶数来判断，奇校验就是 1 的个数为奇数。在此选择默认值无。

Number of Bits：数据长度，默认是 8。数据长度，就是发送 1 个字节的长度。一般换算常识都是 1B 等于 8bit。但是有些特殊的发送码是 7bit 的。所以要根据所需进行设定。

Number of Stop Bits：停止位，默认是 1。停止位，就是数据传输的间隔时间。设备在传输数据的时候都是一连串发送出去的，当数据间隔 1bit 时间没有传输时，就判断已经发送完成一次。那么间隔 1bit 的时间就跟波特率的设定有关。在此选择默认值 1。

Flow Control：流控制，默认是 None，即是无。流控制，就是控制对方发送数据。按照工业中对串口的使用方法只有接收、发送与信号地，是无法达到流控制的，因此只能选择无。

Duplex：工作模式，默认是 Full，即双工模式。工作模式可以选择 Full（双工模式）与 Half（半双工模式）。双工模式表示可以同时接收和发送数据，而半双工模式则表示同一时间内只能发送或接收数据。以串口的特性，在此要选择双工模式。

以上的参数，按照之前所说的只连接 2、3、5 这 3 个针脚，那么需要修改的参数只有：波特率、奇偶校验、数据长度和停止位，别的参数都不用修改。若项目没有特别的要求，那么只需要将设备之间的参数设定成一致即可。

图 3-9

图 3-10

3.2.3　指令解析

ABB 工业机器人在正常情况下是默认关闭串行通道的。所以进行通信之前，需要打开通道后才能进行数据传输。并且在工业机器人程序复位（PP 移至 main，即程序指针移至主程序）和断电重启后，系统都会自动关闭串行通道，因此每次需要进行数据传输前，最好都进行一次打开串行通道，确保正常运行。

串行通信相关指令全部在"Communicate"指令集中，如图 3-11 所示。

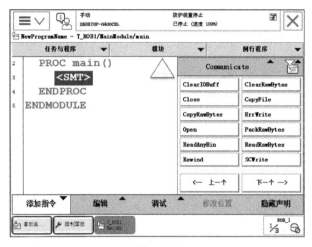

图 3-11

1. 串口打开相关指令

（1）Close 关闭串行通道。

使用示例：Close iodev1; 关闭 iodev1。

（2）Open 用于打开串行通道进行读取或写入。

使用示例：Open"com1:",iodev1\Bin; 以二进制模式打开串行通道 com1。

（3）ClearIOBuff 清除串行通道的输入缓存。

使用示例：ClearIOBuff iodev1; 清除 iodev1 中的所有缓冲字符。

2. 串口数据传输相关指令

（1）ReadBin 从串行通道读取 1B（8bit）。

使用示例：byte1 := ReadBin(iodev1); 读取 iodev1 中的 1B 存入 byte1。

（2）ReadStrBin 从串行通道读取一段字符串。

使用示例：string1:= ReadStrBin(iodev1,20); 读取 iodev1 中的 20 个字符存入 string1。

（3）ReadAnyBin 从串行通道读取任意数据。

使用示例：ReadAnyBin iodev1, p10; 读取 iodev1 中的数据存入 p10。

（4）WriteBin 将若干字节写入串行通道并进行发送。

使用示例：WriteBin iodev1,byte1,5; 将数组 byte1 中的 5B 数据发送到 iodev1 上。

（5）WriteStrBin 将一段字符串写入串行通道并进行发送。

使用示例：WriteStrBin iodev1, string1; 将字符串 string1 中的数据发送到 iodev1 上。

（6）WriteAnyBin 将任意数据写入串行通道并进行发送。

使用示例：WriteAnyBin iodev1, p10; 将位置数据 p10 发送到 iodev1 上。

3. 串口数据传输示例程序

如下示例是一个简单的通信程序，包括了如何打开串行通道，以及如何进行数据的接收和发送。

```
示例： VAR iodev iodev1;
      VAR byte Reveice_Data{10} := [0,0,0,0,0,0,0,0,0,0];
      VAR byte Send_Data{10} := [0,0,0,0,0,0,0,0,0,0];
      PROC Routine1()
          Close iodev1;
          Open "COM1:", iodev1\Bin;
          ClearIOBuff iodev1;
          FOR i FROM 1 TO 10 DO
              Reveice_Data{i} := ReadBin(iodev1);
          ENDFOR
          Send_Date {1}:= 255;
          Send_Date {2};:= 240;
          WriteBin iodov1, Send_Data, 2;
      ENDPROC
```

下面对以上程序进行讲解：

1）Close、Open 和 ClearIOBuff 3 个指令构成了开启串行通道、关联 COM1 接口并清除数据缓存的功能，可以说是一个固定结构。要注意的一点就是，数据是一直在进行传输的，若 ABB 工业机器人没有及时读取数据，则数据会一直堆积在缓冲区。因此每次接收数据前都要进行一次 ClearIOBuff 清除缓存，避免无法接收到最新的数据而导致错误判断。

2）可以看到 ReadBin 是读取 iodev1 上的缓冲值后再赋值到 Reveice_Data 的。ReadBin 是一个功能函数，ReadBin 的作用是每运行一次只读取 1B，所以需要读取 10B 时，可以调用 FOR 指令循环 10 次，让工业机器人接收 10B。

3）最后的发送指令 WriteBin 中的 Send_Data 表示要发送的数据，在很多情况下都不可能只发送 1B 的，所以 Send_Data 要用数组，而且不能小于要发送的字节数。最后的 2 表示要发送 2B 数据。

4. 中断相关指令

（1）IDelete 用于删除（取消）中断。

使用示例：IDelete intno1; 取消 intno1 中断。

（2）CONNECT 将中断与中断程序相连。

使用示例：CONNECT intno1 WITH Routine1; 将中断程序 Routine1 与中断 intno1 进行关联，当中断 intno1 被触发，那么跟其关联的中断程序 Routine1 也会被触发。

（3）ISignalDI 将数字输入信号和中断关联。

使用示例：ISignalDI\Single ,di01_Start,1,intno1; 将数字输入信号 di01_Start 与中段 intno1 进行关联，每当 di01_Start=1 时，就会触发中断。Single 参数表示只能触发一次，若需要多次有效，则需要去掉此参数。

（4）ITimer　下达定时中断的指令。

使用示例：ITimer 0.5,intno1; 每隔 0.5s 触发一次中断 intno1。

（5）ISleep　暂时停用一个中断。

使用示例：ISleep intno1; 停用中断 intno1。

（6）IWatch　激活被停用的一个中断。

使用示例：IWatch intno1; 激活中断 intno1。要注意的是，只能是被 ISleep 停用的中断才能使用 IWatch 激活，不能用于初始化中断。

5. 中断指令使用示例

用法：如下程序为中断程序的初始化过程，分别初始化了两个中断，第 1 个中断 intno1 设定的是定时中断，每隔 0.1s 就会触发一次中断程序 Routine1 运行，第 2 个中断 intno2 设定的是信号中断，每当 Di02=1 时就会触发一次中断程序 Routine2 运行。

```
示例：PROC ResetAll()
        Idetele intno1;
        CONNECT intno1 WITH Routine1;
        ITimer 0.1,intno1;
        Idetele intno2;
        CONNECT intno2 WITH Routine2;
        ISignalDI, Di02,1,intno2;
        ENDPROC
```

6. 其他相关指令

（1）BitCheck　检查字节数据中的特定位是否设置完毕。

使用示例：flag1 := BitCheck(Receive_Data{1},1); 检查 Receive_Data{1} 中的第 1 个位的状态是 0 还是 1，再把状态传送到 flag1。

（2）BitSet　直接将特定字节的特定位置设置为 1。

使用示例：BitSet Receive_Data{1},8; 将 Receive_Data{1} 中的第 8 个位设置为 1。

（3）BitClear　直接将特定字节的特定位置设置为 0。

使用示例：BitClear Receive_Data{1},8; 将 Receive_Data{1} 中的第 8 个位设置为 0。

（4）StrPart　截取一部分字符串。

StrPart 为带 string 返回值的功能函数。将原字符串中截取一部分，作为一个新的字符串。

使用示例：string1 := StrPart("RobotStudio",6,5); 从字符串"Robotstudio"的第 6 位起截取 5 个字符，生成"Studi"后，存储到变量 string1 中。

（5）StrToVal　将字符串转换为任意类型的数值。

StrToVal 为带 bool 返回值的功能函数。将数值转换后，返回一个布尔量来判断是否转换成功，成功就会返回一个 TRUE。可作为转换后的数值能否使用的依据。

使用示例：flag1 := StrToVal("3421",reg1); 将字符串"3421"转换为 num 类型存入 reg1 中，转换成功则返回 bool 量值 TRUE 存入到 flag1 中。

（6）ValToStr 将任意类型的数值转换为字符串。

ValToStr 为带 string 返回值的功能函数。如果生成的字符串过长，则会产生运行错误。

使用示例：string1 := ValToStr(byte1); 将字节 byte1 转换为字符串，存储到 string1 中。

（7）Pow 计算一个值的幂。

使用示例：reg1 := Pow(2,3); 计算 2 的 3 次方，得出结果为 8，将 8 存入 reg1 中。

3.2.4 应用方法

我们知道了串行通信需要运行相应的指令才能实现数据的传输，当 ABB 工业机器人不运行指令的时候，就会停止数据的传输。那么怎么使用以及什么时候调用通信程序就要看现场的情况而定。下面为大家介绍几种应用方法。

1. 需要时调用

第 1 种用法就是最简单的，直接通过 ProcCall 指令进行调用，由于在同一个任务下无法实现实时地更新数据，只能在工业机器人运行到某个需要传输数据的工位的时候进行调用，因此适用于在特定位置的时候进行数据更新。

2. 信号调用

第 2 种用法就是通过中断关联一个信号。在工业机器人运行时，每当该信号触发的时候，就运行一次通信程序，进行数据的传输。适用于在需要特定条件下进行数据传输的情况。示例程序如图 3-12 所示。

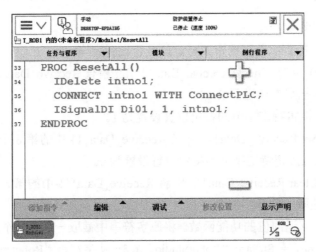

图 3-12

3. 定时调用

第 3 种用法就是通过定时中断来触发通信程序。在工业机器人运行时，每隔固定时间，就会自动触发一次通信程序，可以达到持续更新数据的作用，适用于在需要工业机器人运行时实时获取数据的情况下使用。但劣势是只能在程序运行的时候才能看到效果，当工业机器人程序停止时则无法持续传输数据。示例程序如图 3-13 所示。

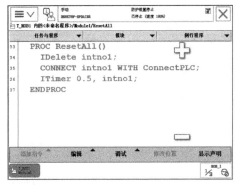

图　3-13

4. 后台调用

第 4 种用法就是通过多任务设置后台程序，使其只要在开机状态下就可以持续传输数据。需要开通系统选项：623-1 Multitasking 才能使用。对比前 3 个用法，此用法的优势是只要工业机器人处于供电状态且后台程序不出错，就可以实现实时的通信。

（1）添加与设定多任务

1）打开主菜单，选择"控制面板"，如图 3-14 所示。

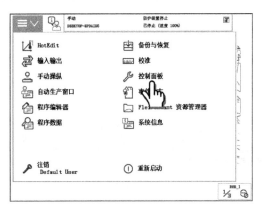

图　3-14

2）进入到控制面板界面后，单击"配置"，如图 3-15 所示。

图　3-15

3）单击"主题"，选择"Controller"，如图 3-16 所示。

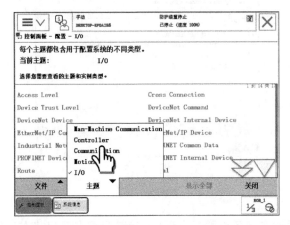

图　3-16

4）选择"Task"，该选项用于添加与修改任务，如图 3-17 所示。

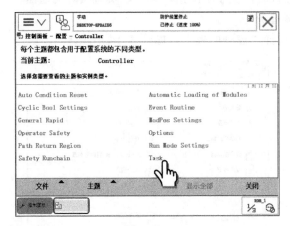

图　3-17

5）在此界面可以看到默认的任务 T_ROB1，单击"添加"，增加一个任务，如图 3-18 所示。

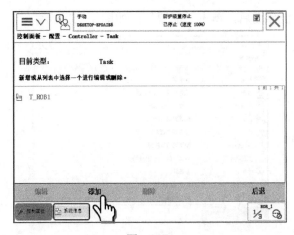

图　3-18

6）现在开始添加一个新的任务。添加一个新的任务只需要修改两个参数：Task 和 Type，如图 3-19 所示。

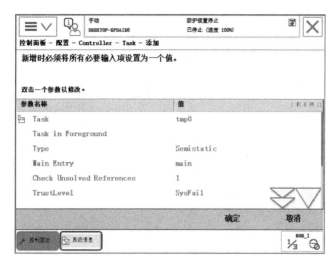

图　3-19

Task：任务的名称，每个特定的任务都需要一个特定名称。

Type：任务的类型，任务的类型有 3 种：Normal、Static、Semistatic。类型的作用可以见表 3-2。在这里做一个简单的解释：

Normal：普通任务，与 T_ROB1 一样，需要人为的控制来启动与停止运行。

Static：后台程序，无法修改程序，也无法人为地停止程序，就算是拍下急停按钮，也一样不受影响。会在后方一直循环运行。

Semistatic：后台程序，与 Static 唯一不同的就是，重启机器人后会重新载入程序，而 Static 重启后会从上次运行的位置继续往下运行。

表　3-2

Type	选项描述
Normal	可通过示教器来控制该任务
Static	1. 无法通过示教器来控制该任务 2. 重启后会在上次断电前的位置继续运行程序 3. 不会因为急停或按下示教器的停止按钮而停止程序的运行 4. 当程序出错无法运行时会导致系统错误
Semistatic	1. 无法通过示教器来控制该任务 2. 重启后会复位程序，从头开始运行 3. 不会因为急停或按下示教器的停止按钮而停止程序的运行 4. 当程序出错无法运行时会导致系统错误

7）将 "Task" 和 "Type" 的参数分别改为 "T_Back" 和 "Normal"，单击 "确定" 后，重启工业机器人，如图 3-20 所示。

图　3-20

8）当工业机器人重启后，就可以看到有两个任务，如图 3-21 所示。改为手动模式后，在"T_Back"任务里添加相应的程序。

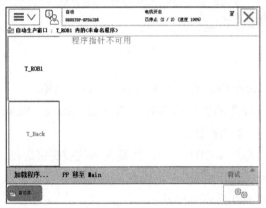

图　3-21

9）在"T_Back"任务里添加程序，测试运行无误后，再次打开配置，将"Type"的"Normal"改为"Semistatic"，单击"确定"，重启工业机器人，如图 3-22 所示。

重启完成后，在程序编辑器中只看到一个任务 T_ROB1。因为 T_Back 已经改为后台运行，在示教器中是无法查看的，但是它会在后台持续不断地运行。

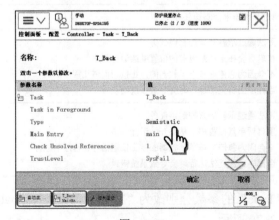

图　3-22

10）需要注意的是，后台程序不能出错，一旦出错就会如图3-23所示提示系统故障。系统故障的情况下是无法操作工业机器人也无法编写程序的。解决办法是进入参数配置，在 Task 菜单下，将 T_Back 任务的 Type 改为 Normal，重启 ABB 工业机器人，将错误程序修改，确保无误，再次进入参数配置，将 Type 改为 Semistatic，重启 ABB 工业机器人。

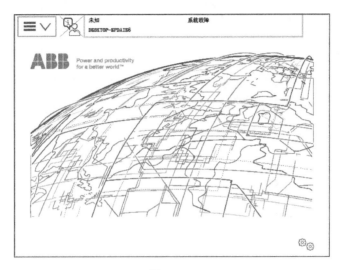

图　3-23

（2）多个任务之间的数据使用

1）当两个任务都创建成功后，只需要通过设定两点即可共用数据：名称相同（注意大小写）、"存储类型"选择"可变量"，如图3-24所示。

图　3-24

2）在两个任务都创建了相同的 nCount，存储类型都选择可变量后，在 T_Back 任务下将"nCount"的值改为"10"，如图3-25所示。再单击查看 T_ROB1 任务，可见此任务下的"nCount"的值也变为"10"，如图3-26所示。

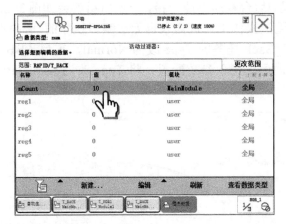

图 3-25

图 3-26

3.3 三菱 FX3U PLC 应用解析

3.3.1 硬件连接

1）正常购买的三菱 PLC 是没有 RS-232C 模块的，需要额外进行购买。图 3-27 所示就是额外购买的 FX_{3U}-232-BD 扩展模块。从图中可以看出，扩展模块为 9 针公头。

图 3-27

2）FX3U-232-BD扩展模块的针脚定义见表 3–3。从表中可以知道，2 号脚为 RXD，3 号脚为 TXD。那么跟 ABB 工业机器人进行连接时就要注意，两头都为公头，那么接线方式可参考图 3-2 所示的第 1 种接法。

表　3-3

针脚编号	定义
1	CD：接受线信号检测
2	RXD：接收信号
3	TXD：发送信号
4	DTR：数据终端准备好
5	GND：信号地
6	DR：数据装置就绪
7	留空
8	留空
9	留空

3.3.2　参数设置

同样的，三菱 PLC 使用也是需要进行参数设置的，下面为大家逐一进行讲解。

1）打开 GX Works2 软件，新建工程后，找到软件左方的"参数"，展开后可以看到"PLC 参数"，双击打开，如图 3-28 所示。

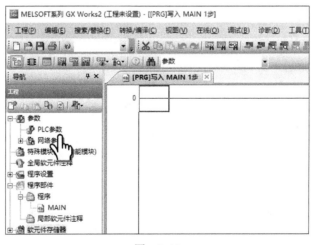

图　3-28

2）双击打开后，会弹出"FX 参数设置"界面，选择"PLC 系统设置（2）"，就可以看到参数设置界面，如图 3-29 所示。

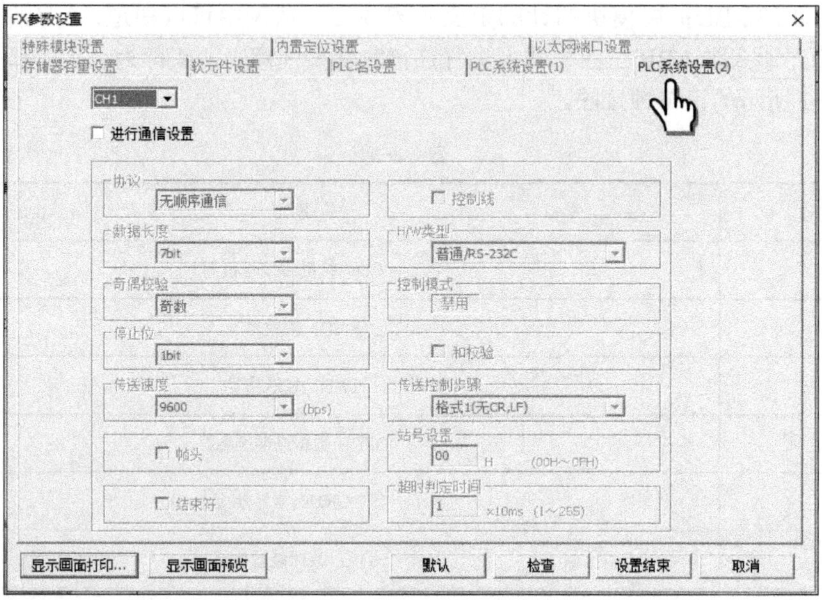

图 3-29

3）在此界面，勾选"进行通信设置"，就可以进行下列参数的填写，如图 3-30 所示。

协议：与 ABB 工业机器人的通信中没有用到任何的协议，所以选择"无顺序通信"。

数据长度、奇偶校验、停止位、传送速度都在 3.2.2 节中有讲解，可前往查看。

帧头、结束符：可选可不选。在发送数据的头部或尾部加 1B，用于进行区分或者校验。

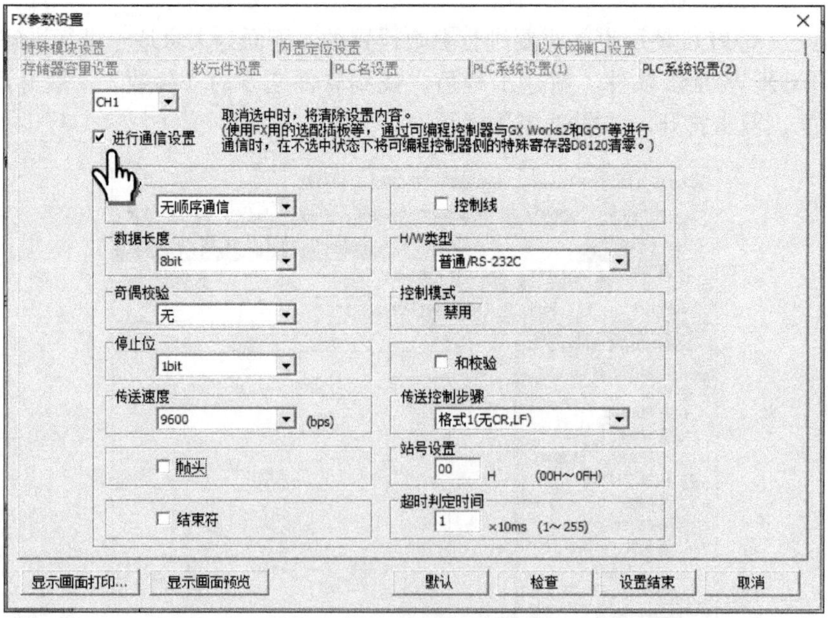

图 3-30

4）按照图 3-30 中的参数设定完成后单击"检查"，无错误后单击"确定"，再单击"设置结束"。一定要经过这项操作才能保存当前设定的参数，如图 3-31 所示。

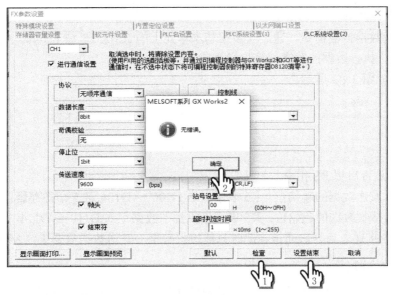

图　3-31

通过以上 4 个步骤，就将三菱 PLC 的参数设定完毕。

3.3.3　指令解析

三菱 PLC 在使用串行接口的时候使用了很多的特殊辅助继电器。

1. 特殊辅助继电器（见表 3-4）

表　3-4

序号	特殊辅助继电器	名称	作用
1	M8063	通信错误	当发生通信错误时会置为 ON，通信代码可见 D8063
2	M8121	等待发送标志位	当数据在等待发送时为 ON 状态
3	M8122	发送请求	当为 ON 时，开始发送数据。请求发送后会自动复位
4	M8123	接收结束标志位	数据接收一次结束后会自动置为 ON。当为 ON 状态时无法接收数据，必须复位后才能进行下一次数据的接收
5	M8129	超时输出	当接收数据超过 D8129 设定的时间时，会自动将 M8129 置为 ON
6	M8161	低八位处理模式	当 M8161 为 ON 时，数据传输都只用低八位。可理解为，M8161 为 OFF 时传输字，为 ON 时传输字节

2. 特殊辅助寄存器（见表 3-5）

表　3-5

序号	特殊辅助寄存器	名称	作用
1	D8063	串行通信错误代码	当发生通信错误时，将错误代码保存在 D8063 中
2	D8120	通信格式设定	可通过 D8120 设定通信格式。若同时使用软件设定，以软件设定为准
3	D8124	报头	通过给 D8124 赋值设定报头，默认初始值为 H02
4	D8125	报尾	通过给 D8125 赋值设定报尾，默认初始值为 H03
5	D8129	超时时间	当超过 D8129 设定的时间都没有接收到数据时，就会置位 M8129

3. 数据传输指令

RS 是串行数据传输指令。通过安装在基本单元上的 RS-232C 或 RS-485（仅通道 1）进行无协议通信，执行数据的发送与接收指令。

使用示例如图 3-32 所示。

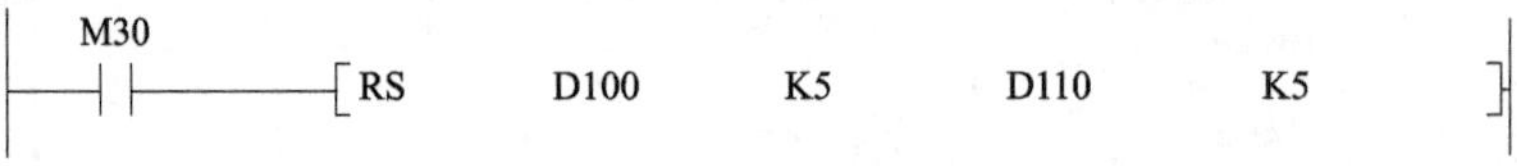

图 3-32

M30 表示是否启用 RS 指令。

D100 表示发送数据的起始位，K5 表示发送 D100 ～ D104 这 5 个寄存器。

D110 表示接收数据的起始位，K5 表示接收到的数据存入 D110 ～ D114。

当 RS 指令接通之后开启通道，此时只能接收数据，发送数据需要置位 M8122。

4. 数据转化指令

（1）STR　BIN 字符串转换　将二进制数转换为字符串。格式是依据 ASCII 码表进行转换的。

使用示例如图 3-33 所示。

图 3-33

M8000 表示常通信号，当接通后，STR 才开始执行。

D50 表示转化的总位数，D51 表示要转化的小数点后的数。

D60 表示要转换的数据。

D70 表示转化成字符串后存储的位置。

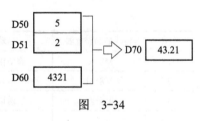

图 3-34

具体应用如图 3-34 所示，转换成的字符串 43.21 中的小数点会自动添加。若 D51=0，则不会自动添加小数点。

小贴士

什么是 BIN 码？什么是 BCD 码？

BIN 指的就是二进制数。而 BCD 将每四个位表示一个十进制数，可以让二进制和十进制之间快速地进行转换。

例如：十进制 25，BIN 表示为 0001 1001，BCD 表示为 0010 0101。在 BCD 码中，0010=2；0101=5，合并起来就表示 25。同样的，十进制 100，BIN 表示为 0110 0100，BCD 表示为 0001 0000 0000。

（2）VAL　将字符串转化为 BIN 码。

使用示例如图 3-35 所示。

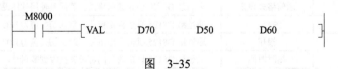

图 3-35

D70 表示要转换的字符串。

D50 表示要转换的总位数，D51 表示要转换的小数点数量

D60 表示要保存的数据位置。

使用 VAL 指令有一点需要注意的是，对于转换，要求若是负数则以 "-" 作为识别符号，若是正数则以 " "（空格字符）作为识别符号。

3.4 工业机器人与 PLC 应用实例

3.4.1 传送字节

1. 项目要求

在某一自动化生产线中，其中一个仓库工作站由于 ABB 工业机器人的 I/O 模块端口不够而只有一个 COM1 串行接口。因此计划将 20 个感应器信号接入到三菱 FX3U-128MT-ES-A 的输入端 X40 ~ X63 中，要求将 20 个产品感应信号通过三菱 PLC 发送到 ABB 工业机器人。ABB 工业机器人再根据感应器信号决定动作的优先顺序。

2. 硬件连接

现在 20 个感应器的信号已经全部连接到三菱 PLC 的 X40 ~ X63。现在需要做一条 RS-232C 的串行接口线。根据实际距离，准备一条三芯带屏蔽线缆。

从之前的学习可知道，ABB 工业机器人与三菱 PLC 都是标准的公头，因此连接方法为两头均为母头的交叉线，可参考 3.1 节。

3. 参数配置

硬件连接完成后，下一步开始对设备进行参数配置。

参数配置比较简单，此项目没有过多的要求，直接将两边的参数设定成一致即可。现在将参数设定如下：波特率为 "9600"、奇偶校验为 "无"、数据长度为 "8"、停止位为 "1"。

ABB 工业机器人的参数配置如图 3-36 所示。

图 3-36

三菱 PLC 的参数设置中勾选"帧头"作为校验，如图 3-37 所示。

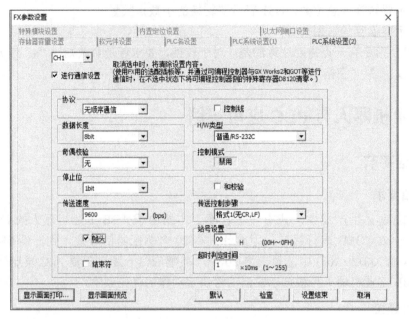

图　3-37

4. ABB 工业机器人程序的编写

在此项目中，ABB 工业机器人只需要进行串行通道打开与接收数据，通过多任务的形式添加一个新的任务"T_BACK"，如图 3-38 所示。

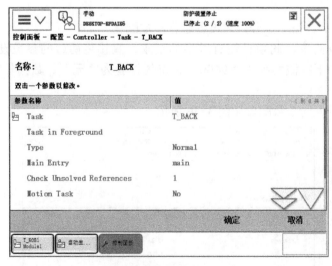

图　3-38

新任务添加完成后，往新任务里添加串行通信程序，三菱 PLC 发送过来的数据只有帧头 +20 信号，不足 8bit 以 0 补全，一共 4B，因此接收 4B 即可。要注意的是收到的数据需要在两个任务之间共享，因此 Reveice_Byte{4} 的"存储类型"要使用"可变量"，如图 3-39 所示。

图　3-39

添加串口通信程序，并测试运行与三菱 PLC 之间通信有无错误，如图 3-40 所示。

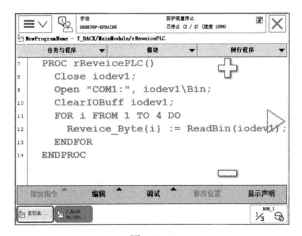

图　3-40

确认程序无错误之后，就可以将 T_BACK 改为后台运行程序，如图 3-41 所示。

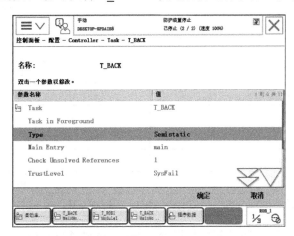

图　3-41

收到数据之后，下一步就要对数据进行处理。在 T_ROB1 任务中，添加例行程序"rCheckData()"，用于对收到的数据进行分析。

首先对接收到的第 1 字节进行判断，判断其与三菱 PLC 发送过来的帧头数据是否一致。接收完成后将 Reveice_Byte{1}=0，这是为了避免当通信出现故障的时候，重复使用上次的数据。

判断完成后，开始对数据进行下一步的分解。在这里添加 FOR 镶嵌，重复使用 BitCheck 函数对收到的剩余数据进行分解。注意 bool 类型数组 IN 最少使用 24 个数，如图 3-42 所示。

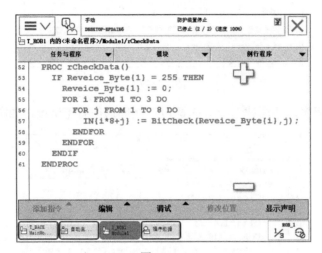

图 3-42

通过以上步骤，ABB 工业机器人与三菱 PLC 建立了通信连接，对应的通信 I/O 见表 3-6。例如当三菱 PLC 的 X40 接收到信号时，就会通过通信传送给 ABB 工业机器人，此时 IN[1]=TRUE。

表 3-6

通信 I/O 对照表	
三菱 PLC	ABB 工业机器人
X40	IN[1]
X41	IN[2]
X42	IN[3]
X43	IN[4]
X44	IN[5]
⋮	⋮
X61	IN[18]
X62	IN[19]
X63	IN[20]

ABB 工业机器人就可以通过判断数组 IN 的状态来实现控制动作，如图 3-43 所示。

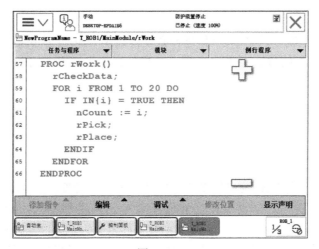

图 3-43

5. 三菱 PLC 程序的编写

通信部分程序如图 3-44 所示。

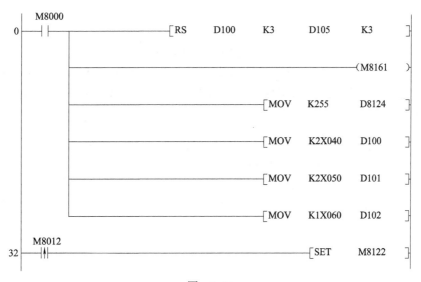

图 3-44

数据传输 RS 指令中，D100 作为发送的起始位，发送 3 个，D105 作为接受的起始位，接受 3 个。

M8161 为低八位模式，当 M8161 没有输出时，数据传输 16bit；当 M8161 输出时，数据传输 8bit。例如：当 D100=300 时，二进制表示 0000 0001 0010 1100。当 M8161 输出时，只发送 0010 1100，十进制表示 44，所以对方只会收到 44，而不会收到 300。

D8124 为帧头，因为在参数设定的时候选择了帧头，所以要对帧头进行赋值。使用数值在一般情况下没有特别要求，在此选择 255。

MOV K2X040 D100：对 D100 进行赋值，K2X040 表示 X40-X47。

M8012 为 100ms 脉冲，每隔 100ms 发送一次数据。

6. 总结

通过上述的操作，就可以将 20 个传感器数据传输到 ABB 工业机器人，共同完成作业。由于 RS-232C 标准接头的传输距离比较短，容易受到干扰，成本比较低，因此在一些小型工业现场用得比较多。

3.4.2 传输字符串

1. 项目要求

某一项目上，由三菱 PLC 通过控制步进电动机来移动料盘，由 ABB 工业机器人来决定料盘的位置，同时三菱 PLC 也会反馈当前位置给 ABB 工业机器人，ABB 工业机器人通过控制和判断当前料盘位置进行作业。料盘移动位置的范围为 –500 ～ 1000mm。

ABB 工业机器人与三菱 PLC 相互发送数据，因为超出字节 255 范围，且带有负数，所以可选择字符串进行数据传输。

2. 硬件连接、参数设置

都跟 3.4.1 节的设定一致，在此不再赘述。

3. ABB 工业机器人程序的编写

1）添加后台任务 T_BACK，操作步骤可见 3.4.1 节。

2）在后台任务添加串口通信程序，需要注意的是 Reveice_String 和 Send_String 要使用可变量，才能在两个任务之间共用数据。测试无误后，将 T_BACK 任务改为后台任务，如图 3-45 所示。

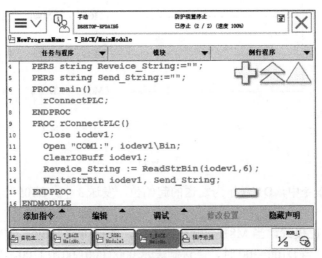

图　3-45

3）数据接收完成，开始对数据进行分析。

首先通过 StrPart 函数来判断首字节是否等于 A，判断成功后再对后面数据进行分解。

再通过 StrToVal 函数将剩余字符串转换成 num 数值，根据布尔量 OK 的状态判断是否转换正确，当 OK=TRUE，则表示 nReveice_Side 的值为正确可用的。

最后判断当前值是否等于1001，若为1001，则通过写屏指令提示数据传输错误，如图3-46所示。

图　3-46

对于发送数据 nSend_Side，就要根据三菱 PLC 指令的 VAL 特性进行转化和传送。当发送的数据为正数，即大于等于 0 时，需要在发送数据前添加一个空格字符串，作为识别符号。当发送的数据小于 0 时，则直接帧头 + 转换数据进行发送即可，如图 3-47 所示。

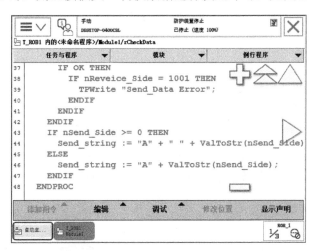

图　3-47

4）通过以上步骤，就可以实现 ABB 工业机器人与三菱 PLC 之间的字符串传输。

4. 三菱 PLC 程序的编写

数据传输形式与 3.4.1 节相同，只是增加了字符串转换程序。现在 D200 为当前料盘的位置，D201 为接收到料盘要到达的位置。

帧头 D8124=65，根据 ASCII 表，十进制 65 代表的字符为 A。当 D201 接收到的数据超出范围，则向 ABB 工业机器人反馈一个数值，此数值可自由定义，在此项目中定义为1001。当 ABB 工业机器人收到 1001时，则表示传输的数值错误。具体程序如图 3-48 所示。

```
M8000
 ├┤├─────────────────────────────────[RS   D100    K5    D110    K5  ]
 │
 │                                    [MOV  K65          D8124        ]
 │
 │                                    [MOV  K5           D120         ]
 │
 │                                    [MOV  K0           D121         ]
 │
 │                                    [VAL  D110    D122      D201     ]

[>   D201    K1000  ]───────────────────────────────────────(M0    )
[<   D201    K-500  ]

M8012   M0
 ├┤├────┤/├─────────────────────────[STR   D120    D200     D100     ]
         M0
        ─┤├──────────────────────────[$MOV  "1001"       D100        ]
         │
         └──────────────────────────────────────────────[SET   M8122 ]
M8123
 ├┤├─────────────────────────────────────────────────────[RST  M8123 ]
```

图 3-48

3.5 扩展知识

3.5.1 RS-485

ABB 工业机器人没有 RS-485 接口，当需要远距离通信、多台设备之间通信或者 PLC 只有 RS-485 接口时，可以选择使用转换接头。图 3-49 所示就是一个常见的 RS-232C/RS-485 转换接头。

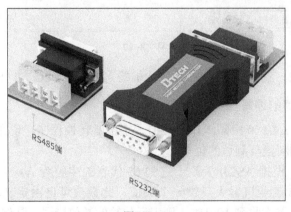

图 3-49

目前市场上的转换接头很多，连接方式也很简单，只要按照要求进行连接就可以实现转换，非常方便。图 3-50 所示为三菱 PLC 的 RS-485 接头，图 3-51 所示为通过转换模块连接的示意。

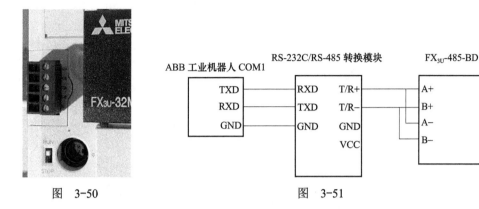

图　3-50　　　　　　　　　　　图　3-51

3.5.2　错误处理程序

在例行程序运行中，程序一旦发生可恢复的系统性错误，若有错误处理器，则会跳入错误处理器运行，错误处理器可通过技术员提前编写好的错误处理程序来使程序自动复位。若没有错误处理器，程序一旦报错则会停止运行。

1）只需要在添加例行程序界面的下方将"错误处理程序"打钩，如图 3-52 所示。

图　3-52

2）创建完成，打开例行程序，可以看到在正常的程序下，多出了 ERROR 部分，在 ERROR 下的程序就是错误处理程序，如图 3-53 所示。程序在正常运行的时候是不会跳入错误处理器中运行的。

3）图 3-54 展示了 ABB 官方的《技术参考手册：RAPID 指令、函数和数据类型》对 ReadBin 函数可能引发的系统错误的描述。在错误处理器中有两个系统错误，分别为读取期间出错（ERR_FILEACC）和读取操作完成前超时（ERR_DEV_MAXTIME）。例如，ReadBin 函数的默认超时是 60s，超过预定义时间，会将 ERRNO 设置成 ERR_DEV_MAXTIME，并且跳入错误处理器。

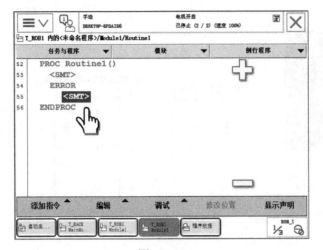

图　3-53

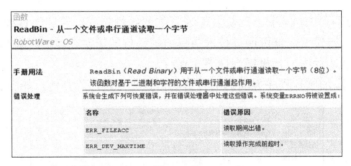

图　3-54

4）在 ABB 工业机器人中有专门的错误处理数据类型：errdomain、errnum、errstr、errtype。根据报错的指令类型区分，如 ReadBin 函数的返回值是 num，则错误读取超时（ERR_DEV_MAXTIME）可在"errnum"中找到，如图 3-55 所示。

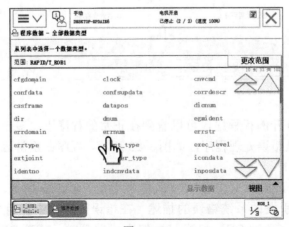

图　3-55

5）在错误处理器中添加 IF 判断指令，判断当前的 ERRNO= ERR_DEV_MAXTIME 是否成立，一旦成立，则会进行相应的处理动作。而且在指令列表中，还有专门对错误进行处理的指令集"Error Rec."，如图 3-56 所示。

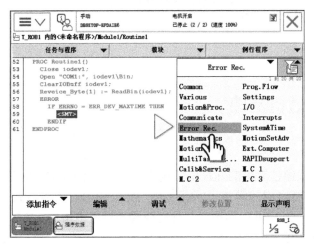

图　3-56

6）在 Error Rec 指令集中，可以添加"RETRY"指令，该指令可以返回原来位置继续运行，如图 3-57 所示。

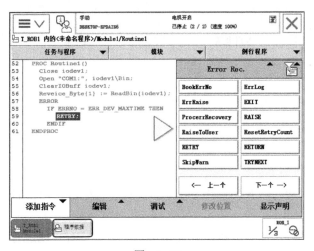

图　3-57

第4章

CC-Link 现场总线实战解析

4.1 CC-Link 通信基础

1. 硬件

CC-Link 现场总线通过简单的几根信号线连接即可实现强大的通信功能。每个具有 CC-Link 功能的设备，均有对应的端口：DA、DB、DG、SLD。连接方式也很简单，各站之间只需要相同的端口一一对应进行连接，并且在两端的设备中增加 130Ω 的终端电阻（用于降低干扰），如图 4-1 所示。

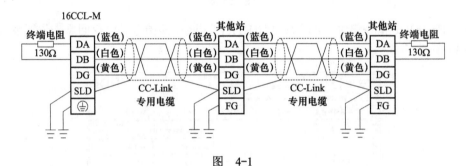

图　4-1

2. 参数解析

（1）传输模式　CC-Link 的传输模式有两种：循环传输和瞬时传输。

1）循环传输：主站与所有的远程 I/O 站和远程设备站进行通信时，会逐个站地进行询问响应，不停地循环。

2）瞬时传输：主站与智能设备站进行通信时，直接一对一地进行数据传输，并且支持瞬间大数据量的传输。

CC-Link 中的两种传输模式互不干扰。

（2）站号　CC-Link 规定最多可以连接 64 个站。个别扩展模块如 FX3U-16CCL-M，最多只能连接 16 个站。

（3）站类型　CC-Link 现场总线根据从站的功能分为 3 大类：远程 I/O 站、远程设备站和智能设备站。

1）远程 I/O 站：只能传输位数据，可理解为挂在远处的 I/O 信号。

2）远程设备站：可以传输位数据和字数据，类似 A/D（模数）、D/A（数模）转换模块，以及变频器等。

3）智能设备站：可以传输位数据和字数据，支持瞬间传输，还具有控制数据传输的功能。例如 FX$_{3U}$-64CC 接口模块就是一个智能设备站。

（4）占用站数　CC-Link 现场总线规定，1 个站固定占用 32 点，即表示拥有 32 点数字输入输出。但是有的远程设备站需要使用的点数超过 32 点，该远程设备站就可以选择占用多个站，但最多只能占用 4 个站。

例如：FX$_{3U}$-16CCL-M 最多只能连接 16 个站，即表示从站最多的点数为 512 点。现在有一智能设备站需要跟主站通信 72 点信号，该从站就可以选择占用 3 个站的点数。那么主站只剩下 13 个站可供选择。

同时需要注意的是，远程 I/O 站只能占用 1 个站，远程设备站和智能设备站最多可占用 4 个站。

（5）传输速率　CC-Link 现场总线最大传输速率可达到 10Mbit/s。

当传输速率为 10Mbit/s 时，通信距离为 100m。当传输速率降低到 156kbit/s 时可达 1200m。还可以通过增加中继器来加长距离，最远可达到 7.6km，使用光中继器时，最远可达 13.2km。

4.2　ABB 工业机器人应用解析

4.2.1　应用基础

ABB 工业机器人要使用 CC-Link 进行通信，就必须遵循 CC-Link 的要求与协议才能接入到 CC-Link 通信网络。因此 ABB 公司推出了专用模块：DSQC 378B 模块，如图 4-2 所示。它的工作原理是通过此模块，将通过 CC-Link 协议传输的数据转换成 DeviceNet 协议所能识别的数据，再发送到 ABB 工业机器人。而且 DSQC 378B 模块只能做从站，不能做主站。

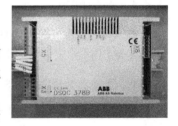

图　4-2

那么，需要用到 DeviceNet 协议，就必须要有 709-1 DeviceNet Master/Slave 选项。

4.2.2　硬件连接

现在为图 4-2 所示的每个端口进行讲解，每个端口的 1 号针脚位置从带有黑色三角开始，如图 4-3 所示。

图　4-3

（1）X3 端口　为直流 24V 备用电源，不用连接。说明见表 4-1。

表　4-1

X3 端口	1	2	3	4	5
信号名称	DC 0V	留空	接地	留空	DC 24V

（2）X5 端口　为 DeviceNet 通信与地址设置端子，与之前所学的 DSQC 652 模块相同，默认地址为 10，可以根据使用需求更改其模块地址。端口信息如图 4-4 所示。

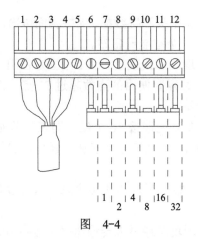

图 4-4

（3）X8 端口　为 CC-Link 连接端口，端口定义见表 4-2。其连接方式比较简单，按照 CC-Link 网络一对一进行连接即可。

表　4-2

X8 端口	1	2	3	4	5	6
信号名称	SLD	DA	DG	DB	留空	FG（与 SLD 相同，接地）

4.2.3　参数配置

若 ABB 工业机器人添加新的模块，就需要进行相关的配置。下面为大家讲解如何进行参数配置。

1.　通过示教器添加 DSQC 378B 模块

1）打开示教器后，经过主菜单→控制面板→配置的操作步骤后，进入到图 4-5 所示界面，单击"DeviceNet Device"，进行模块的添加。

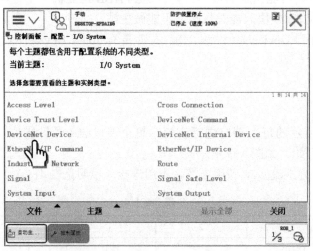

图　4-5

2）进入 DeviceNet Device 后，单击"添加"，在模板中选择"DSQC 378B CCLink Adapter"，如图 4-6 所示。

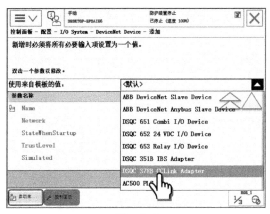

图　4-6

3）添加模块后，找到"Address"（地址），按照实际的地址进行修改，如图 4-7 所示。修改完毕后，单击"确定"。由于还需要设定参数，因此先不用重启工业机器人。

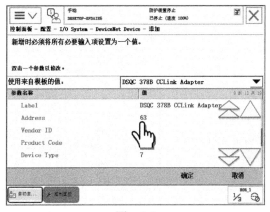

图　4-7

2. 设定总线参数

1）打开示教器，经过主菜单→控制面板→配置→ I/O System 的操作步骤后，单击"DeviceNet Command"进行参数的设定，如图 4-8 所示。

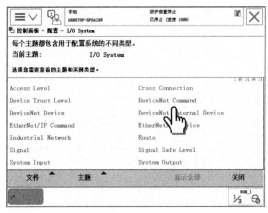

图　4-8

2）进入到"DeviceNet Command"界面后，需要添加 5 个参数，如图 4-9 所示。添加的参数信息见表 4-3。

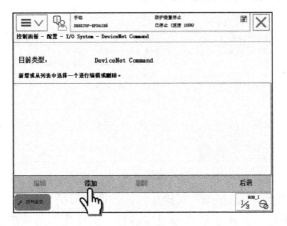

图 4-9

表 4-3

DeviceNet Command 参数	Path（路径）	Value（有效值）	说明
StationNo	6,20 68 24 01 30 01,C6,1	1～64	站号设定
BaudRate	6,20 68 24 01 30 02,C6,1	0～4 0=156 kbit/s 1=625 kbit/s 2=2.5 Mbit/s 3=5 Mbit/s 4=10 Mbit/s	波特率设定，根据不同的有效值选择对应的波特率
OccStat	6,20 68 24 01 30 03,C6,1	1～4	占用站数。选择的站数越大，可使用的点数越多。可选择占用 1～4 个站
BasicIO	6,20 68 24 01 30 04,C6,1	0～1	基本 IO 类型。选择 0 为位传输；选择 1 为位传输和字传输
Reset	4,20 01 24 01,C1,1	0	将上述有效值更新存入模块中

3）CC-Link 中规定 1 个站占用 32bit，两个站 64bit，以此类推。但是 ABB 工业机器人使用 CC-Link 有不同的要求，实际通信的点数与 OccStat（占用站数）和 BasicIO（I/O 基本类型）的参数设定有关，见表 4-4。

例如，当 OccStat=2、BasicIO=0 时，可以通信 48bit 数据或 6B 数据。

表 4-4

Value of OccStat（占用站数的数值）	No. of bits when BasicIO=0（位传输时基本 IO 类型为 0）	No. of bytes when BasicIO=0（字节传输时基本 IO 类型为 0）	No. of bits when BasicIO=1（位传输时基本 IO 类型为 1）	No. of bytes when BasicIO=1（字节传输时基本 IO 类型为 1）
1	16	2	80	10
2	48	6	176	22
3	80	10	272	34
4	112	14	368	46

4）如图 4-10 所示添加相应的参数，图中设定的"Value"为"1"，注意"Path"的值不要填错。

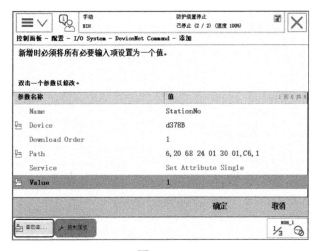

图　4-10

5）按照表 4-3 将全部参数添加完毕，如图 4-11 所示。通过以上步骤，就完成了 DSQC 378B 模块参数的配置。

图　4-11

3. 通过模板快速配置 DSQC 378B 模块

有一种简单的方法可以快速添加 DSQC 378B 的参数。可通过 RobotStudio 仿真软件自带的模板直接添加，只需要修改实际参数即可。下面为大家讲解如何找到模板并进行添加。

1）在 RobotStudio 仿真软件中，单击"Add-Ins"菜单下的"已安装的数据包"，找到相对应的 RobotWare 版本并单击，选择"打开数据包文件夹"，如图 4-12 所示。

2）打开文件夹后，双击打开"DeviceNet"，如图 4-13 所示。

3）如图 4-14 所示，可以看到有很多模块的配置模板，找到"d378B_10"。这个就是这次要找的模板，10 表示地址。

图　4-12

名称	修改日期	类型
DeviceNet	2020/1/14 0:33	文件夹
EthernetIP	2020/1/14 0:33	文件夹
PROFIBUS	2020/1/14 0:33	文件夹
PROFINET	2020/1/14 0:33	文件夹

图　4-13

名称	修改日期	类型
d351B_10	2017/9/11 15:10	机器人配置文件
d351B_10s	2017/9/11 15:10	机器人配置文件
d351B_11	2017/9/11 15:10	机器人配置文件
d351B_12	2017/9/11 15:10	机器人配置文件
d351B_13	2017/9/11 15:10	机器人配置文件
d351B_14	2017/9/11 15:10	机器人配置文件
d351B_15	2017/9/11 15:10	机器人配置文件
d378B_10	2017/9/11 15:10	机器人配置文件
d651_10	2017/9/11 15:10	机器人配置文件
d651_11	2017/9/11 15:10	机器人配置文件
d651_12	2017/9/11 15:10	机器人配置文件
d651_13	2017/9/11 15:10	机器人配置文件
d651_14	2017/9/11 15:10	机器人配置文件

图　4-14

　4）找到模板参数后，下一步就是将模板添加到 ABB 工业机器人中。打开 I/O 配置界面后，单击"文件"，找到"加载参数 ..."，如图 4-15 所示。

图　4-15

5）选择加载参数并替换副本后，单击"加载 ..."，如图 4-16 所示。

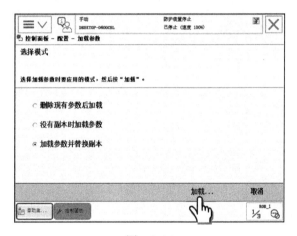

图　4-16

6）找到想要的模板"d378B_10.cfg"文件，单击"确定"，添加模板到 ABB 工业机器人中，如图 4-17 所示。

图　4-17

7）将参数添加完毕后，按照提示重启 ABB 工业机器人，如图 4-18 所示。

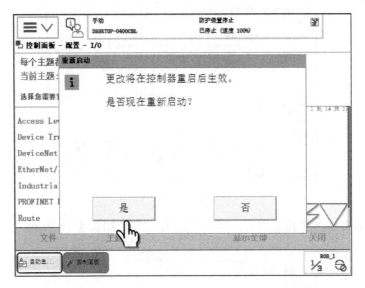

图 4-18

8）如果 ABB 工业机器人本身就创建有一个地址为 10 的 I/O 模块，就会造成冲突，需要修改板卡的地址，如图 4-19 所示。

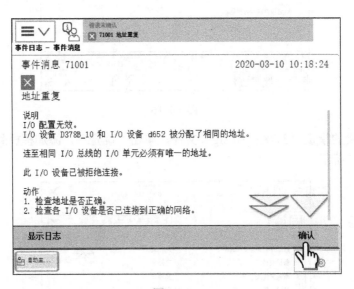

图 4-19

9）将 d378B 板卡的地址修改后，再次打开"DeviceNet Command"，就可以看到所有的参数都已经创建完成了，如图 4-20 所示。

10）由于导入的都是模板值，所以除了 Reset 之外的 4 个参数都需要根据实际的应用修改 Value 的有效值，如图 4-21 所示。

通过上述的步骤，就将 ABB 工业机器人的 DSQC 378B 板卡的参数创建完毕了。

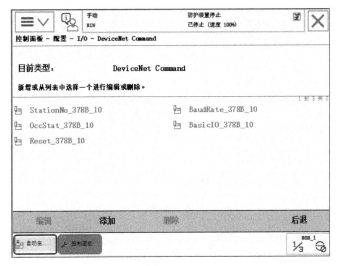

图　4-20

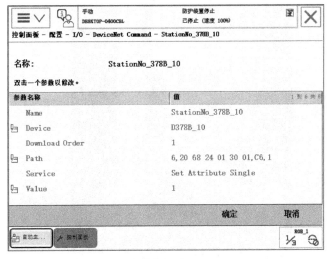

图　4-21

4.3　三菱 FX3U PLC 应用解析

4.3.1　硬件连接

三菱 FX_{3U} PLC 要使用 CC-Link 功能，就需要添加额外的扩展模块。图 4-22 所示的两个分别为 FX_{3U}-16CCL-M 和 FX_{3U}-64CCL 模块。

FX_{3U}-16CCL-M 是 CC-Link V2 的主站模块，主站模块必须为 0 号站，而且最多可连接 8 台远程 I/O 站和 8 台远程设备站或智能设备站。

FX_{3U}-64CCL 是接口模块，可作为智能设备站与 PLC 进行连接。

本节中主要讲解 FX_{3U}-16CCL-M 模块。

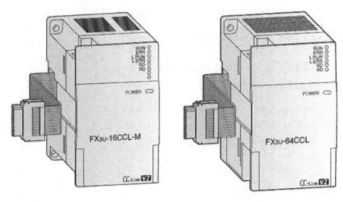

图 4-22

将 FX$_{3U}$-16CCL-M 模块的盖子拆掉之后，可看到多处接线端，如图 4-23 所示。

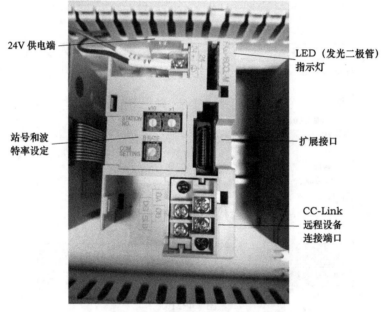

图 4-23

1）模块上的 LED 指示灯状态，所显示的内容见表 4-5。

表 4-5

LED 显示	LED 颜色	状态	显示内容
POWER	绿色	灭灯	没有供电
		亮灯	供电中
RUN	绿色	灭灯	死机状态
		亮灯	正常运行中
ERR	红色	灭灯	无异常
		闪烁	有个别站点出现异常
		亮灯	全部站点出现异常

（续）

LED 显示	LED 颜色	状态	显示内容
L RUN	绿色	灭灯	离线状态
		亮灯	数据连接执行中
L ERR	红色	灭灯	无异常
		闪烁	启动后更改了开关设置，无终端电阻
		亮灯	数据连接出现异常
SD	绿色	灭灯	无数据发送
		亮灯	数据发送中
RD	绿色	灭灯	无数据接收
		亮灯	数据接收中

2）CC-Link 现场总线根据信号名称一对一进行连接，在两端的设备中增加阻值为 130Ω 的终端电阻即可，如图 4-24 所示。

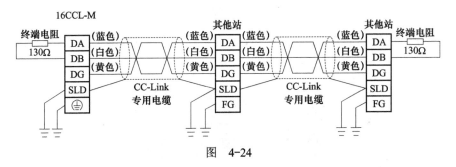

图　4-24

4.3.2　参数配置

1）在工程菜单下双击打开"CC-Link"，进行参数设定，如图 4-25 所示。

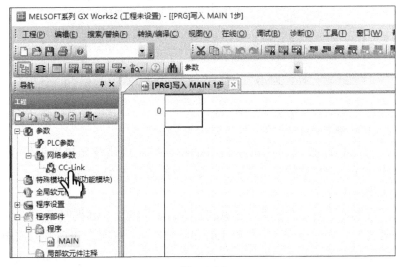

图　4-25

2）双击打开后，可以看到 CC-Link 的参数设置界面，如图 4-26 所示。

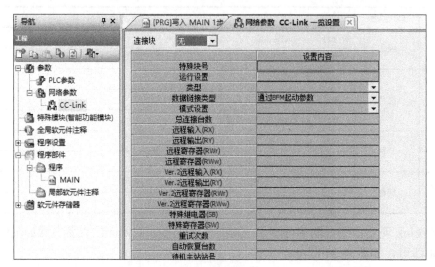

图　4-26

3）需要将"连接块"的参数改为"有"，才能进行下面详细的参数设定，如图 4-27 所示。

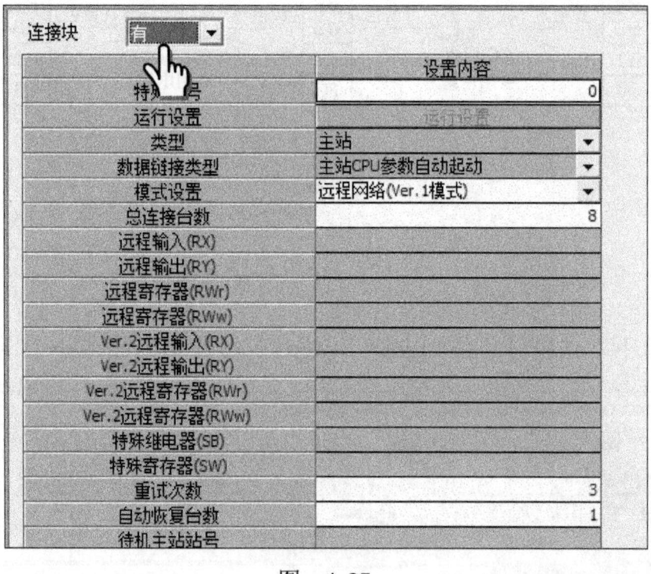

图　4-27

4）下面为大家讲解需要设定的参数，如图 4-28 所示。

特殊块号：三菱 PLC 规定，从靠近 PLC 的特殊扩展模块开始自动编号 0 ～ 7。FX3U-16CCL-M 作为特殊的扩展模块，其安装在 PLC 的位置决定特殊块号的值。若直接安装在 PLC 上，则特殊块号为 0。

模式设置：可选择 3 种，分别为远程网络（Ver.1 模式）、远程网络（Ver.2 模式）、远程网络（添加模式）。Ver.1 模式分为 Ver.1.00 和 Ver.1.10，区别在于改善站间电缆的长度。Ver.1 与 Ver.2 模式的区别在于对应循环点数扩展的单元定义不同。根据所选设备的远程网络版本来选择模式。

总连接台数：根据实际连接的台数进行连接。若连接 5 台工业机器人，则数字改为 5。

重试次数：出现错误后恢复的次数。

自动恢复台数：出现错误后能恢复多少台设备。

CPU（中央处理器）宕机指定：可选择停止和继续执行。决定当模块出现错误后的执行情况。

站信息设置：单击可以打开新的界面进行从站的设置，相关设置如图 4-29 所示。

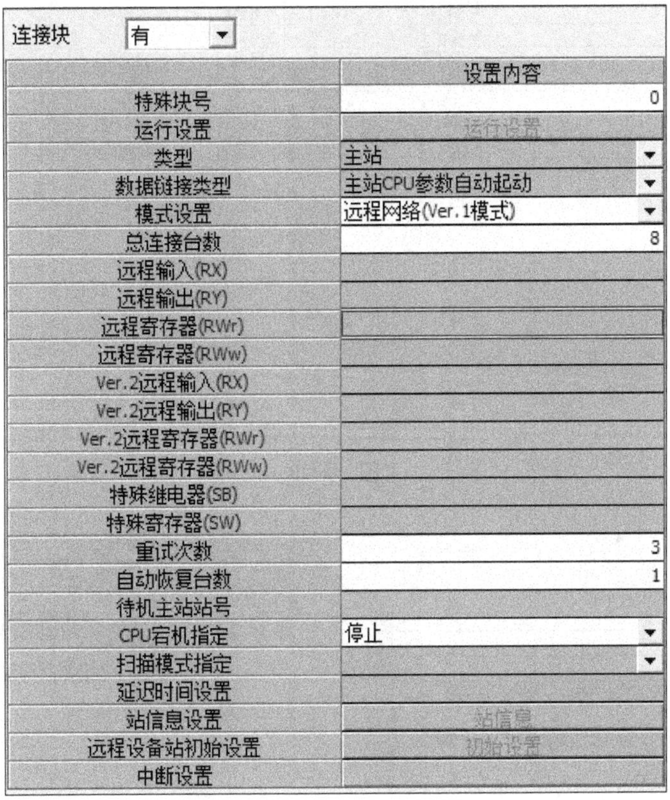

连接块	有 ▼
	设置内容
特殊块号	0
运行设置	运行设置
类型	主站 ▼
数据链接类型	主站CPU参数自动起动 ▼
模式设置	远程网络(Ver.1模式) ▼
总连接台数	8
远程输入(RX)	
远程输出(RY)	
远程寄存器(RWr)	
远程寄存器(RWw)	
Ver.2远程输入(RX)	
Ver.2远程输出(RY)	
Ver.2远程寄存器(RWr)	
Ver.2远程寄存器(RWw)	
特殊继电器(SB)	
特殊寄存器(SW)	
重试次数	3
自动恢复台数	1
待机主站站号	
CPU宕机指定	停止 ▼
扫描模式指定	▼
延迟时间设置	
站信息设置	站信息
远程设备站初始设置	初始设置
中断设置	

图　4-28

5）站信息设置界面可设置的参数有：站类型、占用站数和保留 / 无效站指定，如图 4-29 所示。

站设定：可以选择远程 I/O 站、远程设备站、智能设备站 3 种，如图 4-30 所示。各个类型的含义分别为：

远程 I/O 站：只能传输位数据，而且远程 I/O 站只能占用 1 个站，也就是说最多只能使用 32 点。

远程设备站：可以传输位数据和字数据。

智能设备站：可以传输位数据和字数据，支持瞬时传输，还可以通过编程控制数据的传输。

根据所选择的从站设备决定该选择哪种类型，例如 FX3U-64CCL 接口模块、ABB 工业机器人 DSQC 378B 模块就是智能设备站。

占用站数：根据使用的 I/O 数量进行选择，可选择占用 1 站～占用 4 站，与从站设定的一致即可，如图 4-31 所示。

保留 / 无效站指定：保留站表示该站设备不使用，无效站表示该站位置没有连接设备，如图 4-32 所示。

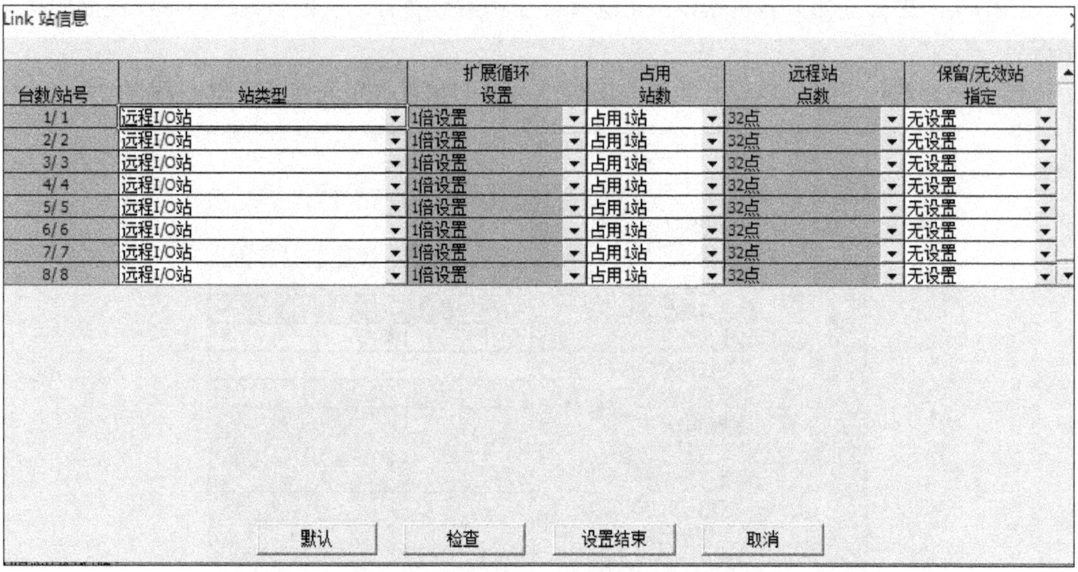

Link 站信息
台数/站号
站类型
扩展循环设置
占用站数
远程站点数
保留/无效站指定
1/1 远程I/O站 1倍设置 占用1站 32点 无设置
2/2 远程I/O站 1倍设置 占用1站 32点 无设置
3/3 远程I/O站 1倍设置 占用1站 32点 无设置
4/4 远程I/O站 1倍设置 占用1站 32点 无设置
5/5 远程I/O站 1倍设置 占用1站 32点 无设置
6/6 远程I/O站 1倍设置 占用1站 32点 无设置
7/7 远程I/O站 1倍设置 占用1站 32点 无设置
8/8 远程I/O站 1倍设置 占用1站 32点 无设置
默认
检查
设置结束
取消

图 4-29

远程I/O站
无设置
远程I/O站
远程设备站
智能设备站

图 4-30

占用1站
32点
无设置
占用1站
占用2站
占用3站
占用4站

图 4-31

无设置
无设置
保留站
无效站

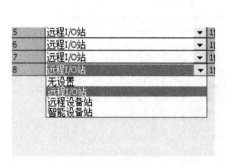

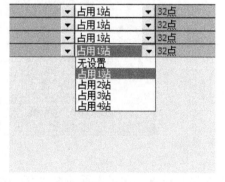

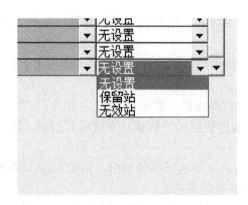

图 4-32

6）全部参数设定完毕后，需要单击"检查"，确定无错误后，单击"确定"，再单击"设置结束"，这样才能将设定的站信息参数保存，如图 4-33 所示。

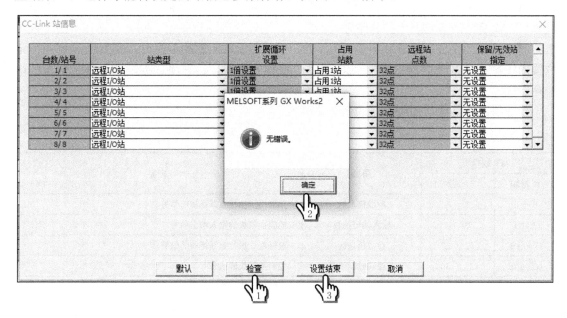

图　4-33

7）将所有参数都设定完成后，在 CC-Link 的设置界面右下方还需要再次单击"检查"，确定无错误后，单击"确定"，再单击"设置结束"，这样才能将整个 CC-Link 的参数保存，如图 4-34 所示。

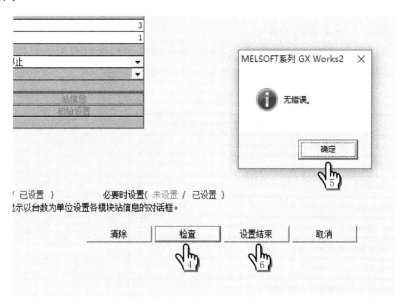

图　4-34

通过上述的步骤，就将 CC-Link 的参数设置完毕了。

4.3.3 缓冲区说明

CC-Link 有一个专门存储数据的地方叫缓冲存储区，用于存储当前 CC-Link 现场总线的状态、当前通信的参数设定及各站之间的数据。所以在主站与从站之间的数据并不是直接传送给对方的，而是先存放在缓冲存储区。当 PLC 要读取从站的信息时，需要通过调用特定位置的缓冲存储区获取信息。当 PLC 要发送数据的时候，也是将数据发送到特定位置的缓冲存储区。

部分缓冲存储区（BFM）的位置见表 4-6。

表　4-6

BFM 编号		项目	内容
16 进制	10 进制		
0～9	0～9	参数信息区	存储用于执行数据连接的信息
A、B	10、11	输入输出信号	控制主模块的输入输出信号
C～1B	12～27	参数信息区	存储用于执行数据连接的信息
1C～1E	28～30	主模块控制信号	控制主模块的信号
20～2F	32～47	参数信息区	存储用于执行数据连接的信息
DC～DF	220～223	一致性控制标志	控制一致性访问的标志
E0～FF	224～255	远程输入	存储来自远程站及智能设备站的输入状态
160～17F	352～383	远程输出	存储至远程站及智能设备站的输出状态
1E0～21F	480～543	远程寄存器	存储至远程设备站及智能设备站的发送数据
2E0～31F	736～799	远程寄存器	存储来自远程设备站及智能设备站的接收数据

BFM 编号为 0～9、12～27、32～47 的参数信息区，是用于存储当前的参设设定。存储的内容就是 4.3.2 节所设定的参数。

BFM#10、#11 为系统输入输出信号，使用不同的指令进行读取和写入时有不同的作用，因此使用的时候应注意不要混淆，具体参数见表 4-7 和表 4-8。

表　4-7

使用 FROM 读取时			
BFM#10		BFM#11	
位	状态	位	状态
b0	单元异常	b0～b15	全部禁止使用
b1	本站数据连接状态		
b2	参数设置状态		
b3	其他站数据连接异常		
b4～b5	禁止使用		
b6	通过缓冲存储器的参数启动完成		
b7	通过缓冲存储器的参数启动异常完成		
b8～b14	禁止使用		
b15	单元就绪		

表　4-8

使用 T0 写入时			
BFM#10		BFM#11	
位	状态	位	状态
b0	刷新指示	b0 ～ b15	全部禁止使用
b1 ～ b5	禁止使用		
b6	通过缓冲存储器的参数启动请求		
b7 ～ b15	禁止使用		

BFM#29 为出错代码。CC-Link 检测到的所有错误都会储存到此地方，具体见表 4-9。

表　4-9

BFM#29		
位	内容	说明
b0	BFM 访问出错	OFF：无异常 ON：对网络参数中设置的区域，禁止使用的区域，根据设置而未分配的远程输入输出、远程寄存器执行 TO 指令
b1	传输速度设置出错	OFF：无异常 ON：旋转开关超出设定范围
b2	站号设置出错	
b3	—	未使用
b4	—	未使用
b5	传输速度设置更改出错	OFF：无异常 ON：FX$_{3U}$-16CCL-M 启动后更改旋转开关即为 ON 状态
b6	站号设置更改出错	
b7	预留	未使用
b8	内部通信电源异常	OFF：无异常 ON：电源异常
b9	硬件异常	OFF：无异常 ON：硬件故障
b10	单元状态	OFF：无异常 ON：状态异常，检查各单元
b11	本站动作状态	OFF：无异常 ON：状态异常，检查本地站
b12	瞬时传输状态	OFF：无异常 ON：状态异常
b13	来自基本单元的初始化状态	OFF：来自基本单元的初始化完成状态 ON：来自基本单元的初始化未完成状态
b14	—	未使用
b15	—	未使用

BFM#224 ～ #255 表示远程输入。

BFM#352 ～ #383 表示远程输出。

BFM#480 ～ #543 表示远程寄存器输入。

BFM#736 ～ #799 表示远程寄存器输出。

以上这 4 种就是用于存放各从站与主站之间通信的数据。FX$_{3U}$-16CCL-M 最大可以有 16 个站，每个站都有特定的位置。在使用数据传输的时候，不能混淆也不能填错，一旦填错则无法正确与该站进行通信。

由于每个站固定是 32 点输入输出，因此 1 个站占用 2 个 BFM 编号，分高位和低位。根据表 4-10 格所示，后续的站号与 BFM 编号逐渐递增即可（均以十进制显示）。

表 4-10

远程输入 #224 ～ #255		远程输出 #352 ～ #383	
站号	BFM 编号	站号	BFM 编号
1	224	1	352
	225		353
2	226	2	354
	227		355
3	228	3	356
	229		357
4	230	4	358
	231		359
...	...	...	...

同样地，远程寄存器输入输出中，1 个寄存器就占用 16bit，因此 1 个寄存器占用 4 个 BFM 编号，见表 4-11（均以十进制显示）。

表 4-11

远程寄存器输入 #480 ～ #543		远程寄存器输出 #736 ～ #799	
站号	BFM 编号	站号	BFM 编号
1	480	1	736
	481		737
	482		738
	483		739
2	484	2	740
	485		741
	486		742
	487		743
...	...	...	...

4.3.4 指令解析

三菱 PLC 要与各站之间进行数据传输，只需要读取与写入到指定的缓冲存储器。有两种方法可以进行数据的读取 / 写入。

1. 通过指令 FROM/TO

（1）FROM 读取缓冲存储区指定位置的数据。

使用示例如图 4-35 所示。

图 4-35

M8000 为常闭信号，当 FROM 指令接通时才会执行数据的读取。

FROM 指令中，K0 表示当前 FX_{3U}-16CCL-M 的特殊块号；K224 表示要读取的缓冲存储区 BFM 编号，224 表示 1 号站；D100 表示把读取出来的数据存储地方；K4 表示要读取的点数。运行此指令将会读取 BFM#224 ～ #227 的所有内容，存入 D100 ～ D103 中。

（2）TO 向缓冲存储区指定位置写入数据。

使用示例如图 4-36 所示。

图 4-36

M8000 为常闭信号，当 TO 指令接通时才会执行数据写入。

TO 指令中，K0 表示当前 FX_{3U}-16CCL-M 的特殊块号；K352 表示要写入的缓冲存储区 BFM 编号，352 表示 1 号站；D110 表示要写入的数据；K4 表示要写入的点数。运行此指令会将 D110 ～ D113 的数据全部写入 BFM#352 ～ #355 中。

2. 直接进行指定

（1）读取缓冲存储器的数据 使用示例如图 4-37 所示。

图 4-37

将指定特殊块号为 0 的 BFM#224 的数据存入 D100 中。

（2）写入缓冲存储器的数据 使用示例如图 4-38 所示。

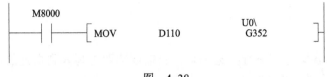

图 4-38

将指定特殊块号为 0 的 BFM#352 的数据存入 D110 中。

4.4 工业机器人与 PLC 应用实例

1. 项目要求

现在以 3.4.1 的项目为例，对比两个通信的优劣势。

某一自动化产线中的一个仓库工作站需要增加 20 个感应器，因 ABB 工业机器人的 I/O 模块端口不够，因此将 20 个感应器信号接入三菱 PLC 的输入端 X40 ~ X63 中。要求将 20 个产品感应信号通过三菱 PLC 发送到 ABB 工业机器人，ABB 工业机器人再根据感应器信号决定动作的优先顺序。

根据以上情况与要求，现在为 ABB 工业机器人增加 DSQC 378B 模块，为三菱 PLC 增加 FX3U-16CCL-M 模块。

2. 硬件连接

1）ABB 工业机器人已经有一块地址为 10 的 DSQC 652 模块，现在新增了一块 DSQC 378B 模块用于 CC-Link 通信。只需要在 DSQC 652 模块的 X5 端口 1 ~ 5 脚引出线连接到 DSQC 378B 模块 X5 端口的 1 ~ 5 脚即可使用，如图 4-39 所示。

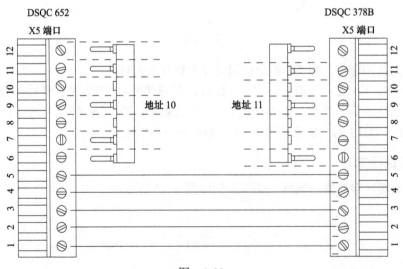

图 4-39

2）增加了新模块之后，只需要按照对应端子进行连接即可，同时要注意在 DA 和 DB 之间连上阻值为 110Ω 的电阻。若想要稳定性更强，可购买使用 CC-Link 的专用电缆，如图 4-40 所示。

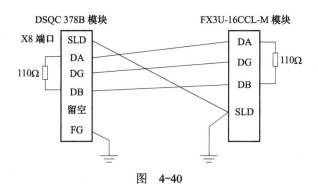

图　4-40

3. 参数配置

（1）ABB 工业机器人的参数配置　根据 4.2.3 节添加 DSQC 378B 模板。重启 ABB 工业机器人后，进入"DeviceNet Device"中的"D378B_10"修改其名称和地址，将"名称"改为"D378B_11"，将"Address"改为"11"，如图 4-41 和图 4-42 所示。

模块的名称与地址修改完成后，进入"DeviceNet Command"修改通信参数，如图 4-43 所示。

图　4-41

图　4-42

图　4-43

在此项目中，我们对参数的设定如下：

BaudRate（波特率）设定为 2。

StationNo（站号）设定为 1。

OccStat（占用站数）设定为 2。

BasicIO（基本类型）设定为 0。

Reset（参数存入）不做修改。

将所有参数设定完成后的页面如图 4-44 所示。

将参数设定完成后，就可以创建 I/O 信号。为了避免与 DSQC 652 模块的 I/O 信号混淆，可以为新增的 I/O 信号增加前缀。现在需要接受 20 个来自三菱 PLC 发送的信号，因此建立 C_Di01～C_Di20（地址 0～19）这 20 个信号即可，如图 4-45 所示。

（2）三菱 PLC 的参数配置 参数配置只需要两边一致即可，在 FX$_{3U}$-16CCL-M 模块上将波特率的拨码开关转到 2，如图 4-46 所示。

Name	Device	Download Order	Path	Service	Value
BasicIO_378B_11	D378B_11	4	6, 20 68 24 01 30 04, C1, 1	Set Attribute Single	0
BaudRate_378B_11	D378B_11	2	6, 20 68 24 01 30 02, C6, 1	Set Attribute Single	2
OccStat_378B_11	D378B_11	3	6, 20 68 24 01 30 03, C6, 1	Set Attribute Single	2
Reset_378B_11	D378B_11	5	4, 20 01 24 01, C1, 1	Reset	0
StationNo_378B_11	D378B_11	1	6, 20 68 24 01 30 01, C6, 1	Set Attribute Single	1

图 4-44

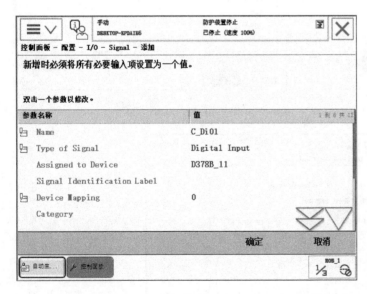

图 4-45

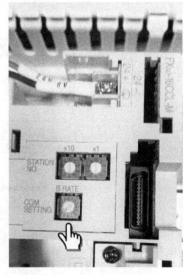

图 4-46

波特率设定完成后，进入软件参数设定界面进行设定，如图 4-47 所示。设定完成后，单击"检查"，确定无错误后，单击"确定"，再单击"设置结束"，如图 4-48 所示。

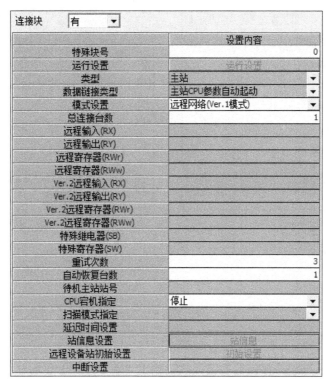

图　4-47

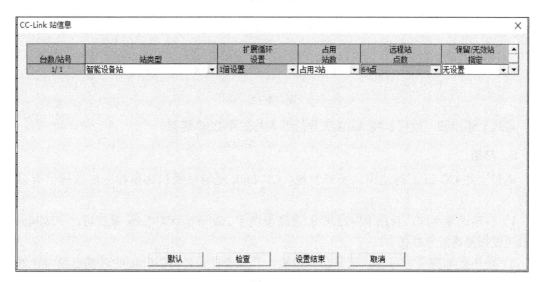

图　4-48

4. 程序编写

ABB 工业机器人使用 CC-Link 现场总线时是不需要编写程序的，直接创建 I/O 信号即可在程序中使用，如图 4-49 和图 4-50 所示。

三菱 PLC 可通过指令 FROM/TO 来实现传输数据。

1）数据传输直接使用 TO 指令就可实现 20 个信号的传输，如图 4-51 所示。

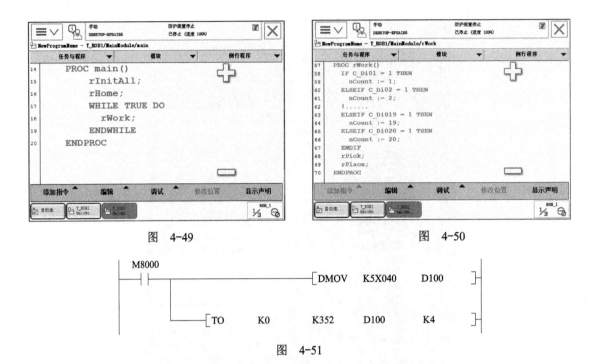

图 4-49   图 4-50

```
     M8000
 ─────┤├─────────────────────────────[DMOV  K5X040    D100      ]─
                                     [TO     K0    K352    D100   K4 ]─
```

图 4-51

2）还可以直接通过缓冲存储器的错误代码输出当前 CC-Link 现场总线的状态，如图 4-52 所示。

```
     M8000
 ─────┤├──────────────────[FROM   K0    K10    D105    K1 ]─
                          [FROM   K0    K29    D106    K1 ]─
```

图 4-52

通过上述步骤，就可以将 ABB 工业机器人与三菱 PLC 连接。

5. 总结

通过上述 CC-Link 的使用，不难发现，CC-Link 现场总线相比串行无协议通信有以下优势：

1）传输速度更快，使用 RS-232C 的速度最快才 20kbit/s，CC-Link 最快可达 10Mbit/s，传输速度相差将近 500 倍。

2）使用更加安全、可靠。无需自我校验，开发者在设计 CC-Link 的时候已经设计好，我们直接可拿来使用。

3）使用更加方便，无需额外添加程序，减少错误率。

4）扩展性能强，使用通用协议，方便后续添加硬件，可直接接入 CC-Link 现场总线。

虽然 CC-Link 现场总线比串行无协议通信有那么多的优势，但并不代表串行无协议通信就没有用了。作为历史较悠久的通信，串行无协议通信的自由度高，有学习与借鉴的作用。使用 CC-Link 现场总线的成本会提高，尤其在一些小型项目上串行无协议通信仍然可以发挥其作用。因此要根据实际的项目来选择使用哪种通信。

第5章

Profibus 现场总线实战解析

5.1 Profibus 通信基础

1. 硬件连接

Profibus 一般采用九针串口接头,如西门子 Profibus 扩展模块和 ABB 工业机器人的 Profibus 接头都是九针串口母头,其针脚定义见表 5-1。

表 5-1

针脚	信号	含义
1	Not used	留空
2	Not used	留空
3	Rxd/Txd-P	信号 B
4	CNTR-P	控制中继方向
5	DGND	连接地
6	VP	提供 5V 电源
7	Not used	留空
8	RXD/TXD-N	信号 A
9	Not used	留空

Profibus 与其他现场总线一样,多台设备的连接方法都是一对一并联连接。

2. 参数设定

Profibus 经过多年的发展,已经将参数都简化,只需要设定几个关键的参数,就可以实现通信网络的搭建。

1) 站号,Profibus 最多支持 127 个站进行连接。

2) Profibus 的传输速率为 9.6kbit/s ～ 12Mbit/s,最大传输距离在 9.6kbit/s 时为 1200m,在 1.5Mbit/s 时为 200m,其传输介质可以是双绞线,也可以是光缆。

5.2 ABB 工业机器人应用解析

5.2.1 硬件解析

1. 选项添加

ABB 工业机器人使用 Profibus 现场总线,有两个选择:

(1) 作为主站 添加 DSQC 1005 模块,同时添加系统选项 969-1 PROFIBUS Controller。

(2) 作为从站 添加 DSQC 667 模块,同时添加系统选项 840-2 PROFIBUS Anybus Device。

在 ABB 工业机器人与 PLC 进行通信时，基本上都会以 PLC 作为主站，因此在本节中主要为大家介绍如何进行从站配置。

DSQC 667 模块如图 5-1 所示。

DSQC 667 模块的安装位置如图 5-2 所示。

图 5-1

图 5-2

2. DSQC 667 模块解析

1）DSQC 667 模块上的指示灯说明见表 5-2。

表 5-2

指示灯	作用	状态
OP	操作模式指示灯	灭灯：没有电源或没有连接 绿灯：连接中，数据正在传输 绿灯闪烁：连接中，清除缓冲 红灯闪烁（连闪 1 次）：参数错误 红灯闪烁（连闪 2 次）：连接错误
ST	状态指示灯	灭灯：没有电源或没有初始化 绿灯：初始化成功 绿灯闪烁：初始化成功，但是有一点异常 红灯：出现异常

2）DSQC 667 模块的针脚定义见表 5-3。

表 5-3

针脚	信号	含义
1	Not used	留空
2	Not used	留空
3	Rxd/Txd-P	信号 B
4	CNTR-P	控制中继方向
5	DGND	连接地
6	VP	提供 5V 电源
7	Not used	留空
8	RXD/TXD-N	信号 A
9	Not used	留空

5.2.2　参数配置

ABB 工业机器人的 Profibus 配置比较简单，只需要几个步骤即可完成。

1. 修改 ABB 工业机器人的 Profibus 地址

1）在示教器中按照路径："控制面板 - 配置 -I/O-Industrial Network"进行操作后，在此界面可以找到"PROFIBUS_Anybus"的选项，如图 5-3 所示。

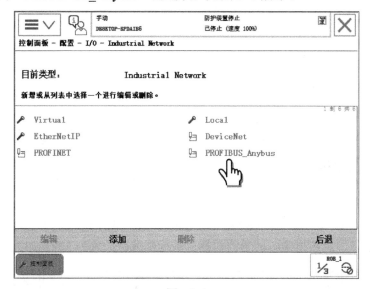

图　5-3

2）单击打开"PROFIBUS_Anybus"后，只需要修改"Address"（地址），如图 5-4 所示。

图　5-4

2. 修改通信数据量

1）在示教器中按照路径："控制面板 - 配置 -I/O-PROFIBUS Internal Anybus Device"

进行操作后，在此界面可看到"PB_Internal_Anybus"的选项，如图 5-5 所示。

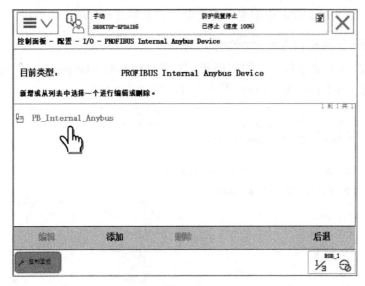

图　5-5

2）单击进入，可看到有"Input Size"和"Output Size"两个选项，分别为输入、输出的值，单位为 Byte（字节）。根据实际的通信数据量进行修改，最大为 512，如图 5-6 所示。

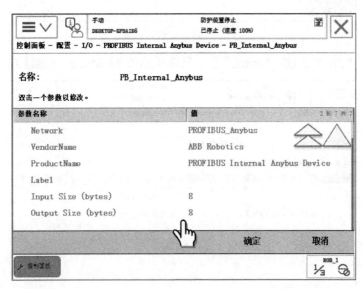

图　5-6

3. 添加 I/O 信号

1）在示教器中按照路径："控制面板 - 配置 -I/O"进行操作后，找到"Signal"，添加 I/O 信号，如图 5-7 所示。

2）添加 I/O 信号的时候，模块类型要选择"PB_Internal_Anybus"。其余参数跟平时所建的 I/O 信号没有区别，地址从 0 开始，如图 5-8 所示。

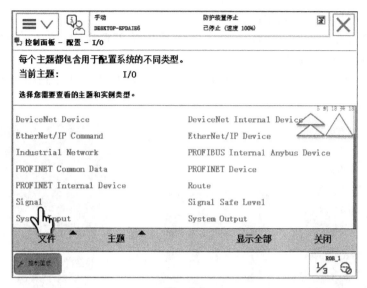

图　5-7

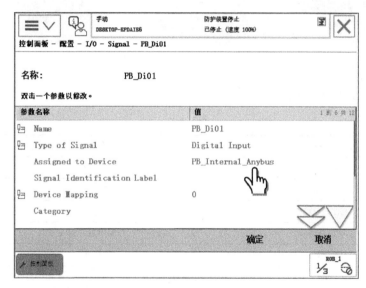

图　5-8

4. 总结

ABB 工业机器人配置 Profibus 只需要 3 个步骤：修改地址、修改通信数据量、添加 I/O 信号。Profibus 的其他复杂设定已经被厂商做好了，应用者只需要按照要求进行配置就可以接入 Profibus 网络中。

5.3　西门子 PLC 应用解析

5.3.1　硬件解析

S7-1200 要使用 Profibus 功能，需添加 CM 1242-5（Profibus DP 从站）或 CM 1243-5

（Profibus DP 主站）。图 5-9 所示为 CM 1243-5 模块。

在工业机器人与 PLC 进行通信时，基本上都是以 PLC 作为主站，因此本节主要介绍 CM 1243-5 Profibus DP 主站模块。

1）模块上方是供电接口，按照要求进行正负极连接即可，如图 5-10 所示。

2）模块下方是一个九针母头串口，如图 5-11 所示。

图　5-9　　　　　　　　图　5-10　　　　　　　　图　5-11

3）其针脚定义见表 5-4。

表　5-4

针脚	信号	含义
1	Not used	未使用
2	Not used	未使用
3	RxD/TxD-P	信号 B
4	CNTR-P	控制中继方向
5	DGND	连接地
6	VP	提供 5V 电源，仅用于总线终端电阻，不用于为外部设备供电
7	Not used	未使用
8	RxD/TxD-N	信号 A
9	Not used	未使用
外壳	—	接地连接器

5.3.2　GSD 文件配置

1. GSD 文件

GSD 文件也称为设备描述文件，是 Profinet 设备制造商使用 PTO 提供的 GSD-Editor 制作的描述其生产的某一具体型号设备的各种性能参数的文本文件。GSD 包括所有与该设备相关的参数，如波特率、信息长度、输入输出数量、诊断信息的含义等。

GSD 文件存在的原因是每个设备之间的参数对于每个生产厂家来说都是有差别的，为了达到 Profibus 简单的即插即用功能，制定了一个标准文件，叫作 GSD 文件。

若想要 ABB 工业机器人与西门子 PLC 进行 Profibus 通信，则需要安装 ABB 工业机器人相关的 GSD 文件才能进行配置。

2. GSD 文件的查找与添加

1）通过仿真软件 RobotStudio，单击菜单中的"Add-Ins"，找到对应版本的 RobotWare 并单击，单击"打开数据包文件夹"。在示例中选择的是"RobotWare6.06.01"，如图 5-12 所示。

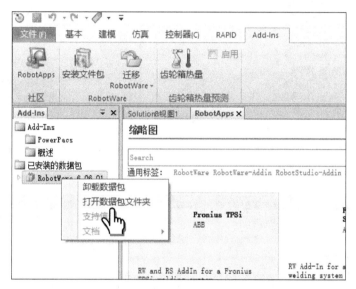

图　5-12

2）在弹出的窗口按照如下路径打开界面："RobotPackages\RobotWare_RPK_6.06.1025\utility\service\GSD"，在此界面下的"HMS_1811.gsd"文件就是要找的 GSD 文件，如图 5-13 所示。

图　5-13

3）找到对应的 GSD 文件后，在博途软件的"选项"菜单下打开"管理通用站描述文件（GSD）（D）"，如图 5-14 所示。

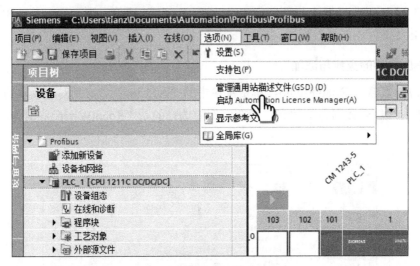

图　5-14

4）打开管理通用站描述文件界面后，单击"▣"按钮打开路径，或直接复制刚才 GSD 文件保存的位置路径，如图 5-15 所示。

图　5-15

5）按照路径打开后，就能在下方的内容框看到所需要的 GSD 文件，如图 5-16 所示。

6）选择需要导入的"hms_1811.gsd"，单击"安装"，等待安装完成后关闭窗口，如图 5-17 所示。

7）安装完成后，在"硬件目录"菜单中依次单击的"其它现场设备"→"PROFIBUS DP"→"常规"→"HMS Industrial Networks"→"Anybus-CC PROFIBUS DP-V1"，就可以看到通信连接所需要的 Anybus-CC PROFIBUS DP-V1 组件，如图 5-18 所示。

图　5-16

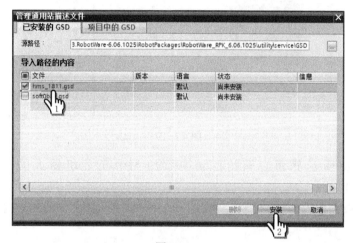

图　5-17

图　5-18

5.3.3　配置步骤

GSD 文件添加完成后，下一步开始对西门子 PLC 进行配置。

1）添加 CM 1243-5 Profibus DP 主站模块，如图 5-19 所示。

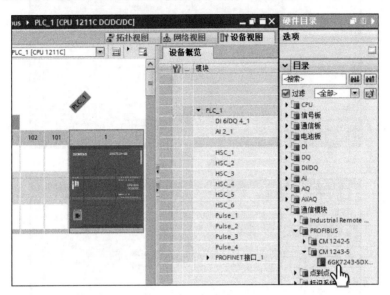

图　5-19

2）在图 5-20 所示界面右侧的目录中添加 ABB 工业机器人的组件"Anybus-CC PROFIBUS DP-V1"。

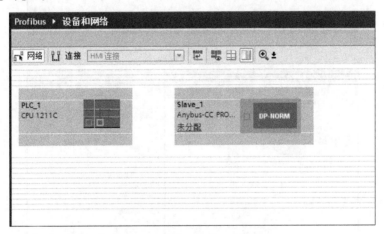

图　5-20

3）通过操作将两个 Profibus 接口相连，如图 5-21 所示。

4）双击打开 ABB 工业机器人组件，进行下一步参数的设定。首先设定其地址，如图 5-22 所示。

5）在"设备概览"中添加对应 I/O 模块，根据与从站通信的 I/O 量大小进行配置。根据 1 word=2 B，1 B=8 bit 的换算标准，添加了 4word 输入、4word 输出。最后再修改"I 地址"和"Q 地址"，如图 5-23 所示。

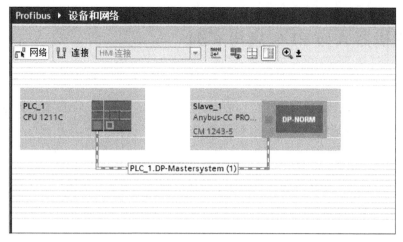

图　5-21

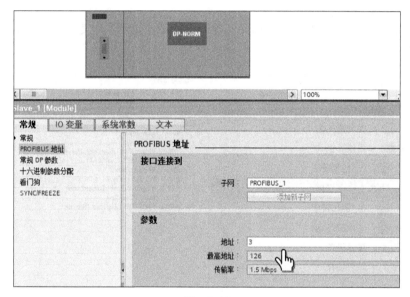

图　5-22

图　5-23

5.4 工业机器人与 PLC 应用实例

1. 项目要求

现在有一项目在以西门子 CPU 1214 的 PLC 为主站、以两台 ABB 工业机器人为从站组成的 Profibus 现场总线通信网络中相互传输数据。

2. 地址确认

工程师根据项目要求对 Profibus 的地址和通信量进行设定。ABB 工业机器人的地址分别为 6 和 7，通信数据量均为 16B。

3. 参数配置

（1）ABB 工业机器人的参数配置

1）在 ABB 工业机器人配置参数前，先检查系统的"选项"中是否有"840-2 PROFIBUS Anybus Device"，如图 5-24 所示。

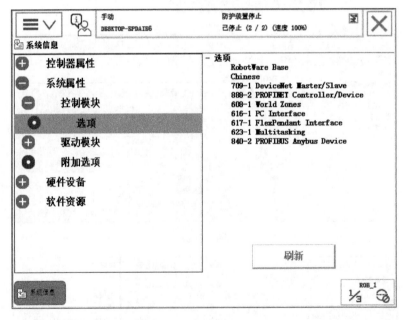

图 5-24

2）确认过选项后，开始配置参数。在前面学习可知，配置 Profibus 只需要 3 个步骤：改地址、改通信数据量和添加 I/O 信号。现在确认两台 ABB 工业机器人地址分别为 6 和 7，如图 5-25 和图 5-26 所示。

3）通信数据量为 16B，如图 5-27 所示。

4）最后一步创建 I/O 信号。既然通信数据量为 16B，那么 I/O 信号的地址为 0 ～ 255，如图 5-28 所示。

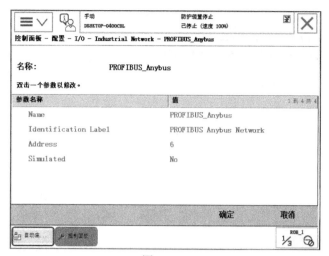

图　5-25

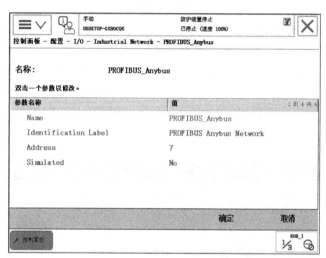

图　5-26

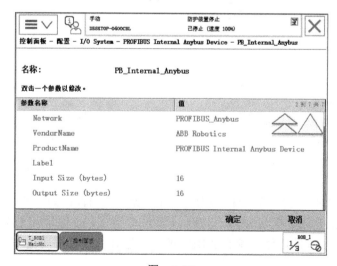

图　5-27

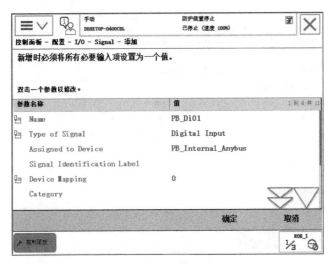

图 5-28

（2）西门子 PLC 的参数配置　由于西门子公司已经将 Profibus 的各种参数集成封装好，只需要设定几个简单的参数，即可接入通信网络。

西门子 PLC 使用 Prfibus 只需要如下几个步骤：添加与连接硬件、修改从站地址、增加从站通信 I/O 模块。

1）添加与连接硬件。将西门子 PLC 与 ABB 工业机器人组件添加，并连接在一起，如图 5-29 所示。

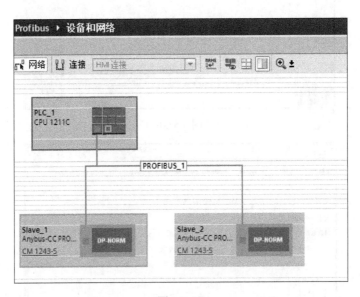

图 5-29

2）修改从站地址。分别修改两个 ABB 工业机器人的组件，如图 5-30 所示。

3）增加从站通信 I/O 模块并修改与西门子 PLC 连接的 I 地址和 Q 地址，当 ABB1 占用了西门子 100 ~ 115 的地址，那么 ABB2 就可以选择占用西门子的 120 ~ 135 的地址，如图 5-31 所示。

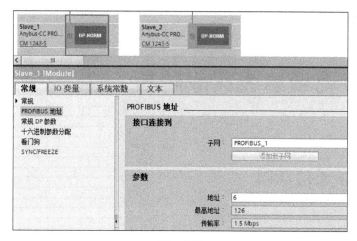

图　5-30

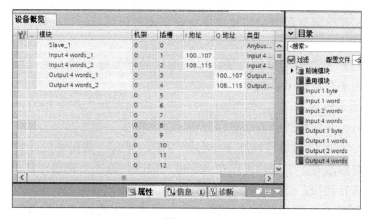

图　5-31

设定完成后，就可以直接按照平常的 I/O 信号那样使用，表 5-5 所示为通信成功后的 I/O 对照表。

表　5-5

ABB 工业机器人和西门子 PLC 通信连接 I/O 表	
PLC 输出端→ ABB 输入端	ABB 输出端→ PLC 输入端
Q100.0 → PB_Di01	PB_Do01 → I100.0
Q100.1 → PB_Di02	PB_Do02 → I100.1
Q100.2 → PB_Di03	PB_Do03 → I100.2
Q100.3 → PB_Di04	PB_Do04 → I100.3
Q100.4 → PB_Di05	PB_Do05 → I100.4
Q100.5 → PB_Di06	PB_Do06 → I100.5
...	...

通过上述的设定，就可以将西门子 PLC 和 ABB 工业机器人共同接入 Profibus 网络中。

第6章

Profinet 现场总线实战解析

6.1 Profinet 通信基础

1. 硬件连接

工业以太网的硬件连接都是一致的，全部都是通过网口＋网线的形式进行连接。

（1）交换机 根据之前的学习，现场总线的多台设备的连接都是通过并联的形式将所有设备连在一起，那么通过以太网口使用多台设备的时候可以通过交换机进行连接，图6-1所示为24口交换机。

目前交换机的产品类型非常的丰富，根据应用的需要有不同的接口数量、传输速度，还有专门工业使用的交换机可供选择。

交换机在应用上都很简单，只要通上电，都是即插即用，将生产线上多台设备的网线全部连接到交换机，交换机就会自动进行分配。

交换机还有一个优点就是可以连接一台路由器，那么当需要通过计算机对生产线上的设备进行程序参数修改时，工程师可以在远程进行修改，而不用抱着计算机跑到设备前，再用专用的通信线进行连接。

（2）网线 网线是连接局域网必不可少的。网线使用的材质一般都是双绞线。因为双绞线具有传输稳定、成本低廉的优势，因此被广泛用于制作网线、电话线。

双绞线的连接顺序有两种标准：T568A 和 T568B。

T568A 标准：白绿、绿、白橙、蓝、白蓝、橙、白棕、棕。

T568B 标准：白橙、橙、白绿、蓝、白蓝、绿、白棕、棕。

例如，使用 T568A 标准连接，则从图6-2所示的部位开始，按照白绿、绿、白橙、蓝、白蓝、橙、白棕、棕的顺序进行排列即可。

图 6-1

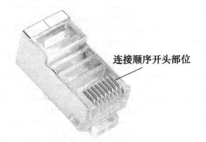

连接顺序开头部位

图 6-2

使用标准接线可以使通信更加稳定，距离更加远。而双绞线的连接方法也主要有两种：

直通线缆和交叉线缆。

直通线缆：两头都使用 T568A 或 T568B。

交叉线缆：一头使用 T568A，另一头使用 T568B。

2. 通信形式

Profinet 是以主从站的形式通信的，从站与主站通信，其规定必须有对应的 IP 地址和设备名称。

Profinet 的模块化做得非常好了，所以只需按照设备的要求添加即可完成通信，操作非常简单。

3. 总结

总的来说，Profinet 已经大大简化了工程师的操作，只需将所有自动化设备用网线连好，再通过简单的几个操作步骤即可完成通信连接，基本分为 3 个步骤：IP 地址的设定、设备名称的设定、通信数据量大小的设定。

6.2　ABB 工业机器人通信解析

6.2.1　硬件连接

ABB 工业机器人连接 Profinet 有两种形式：

1）添加 DSQC 688 模块，并且添加 840-3 PROFINET Anybus Device 选项，图 6-3 所示为模块外观，图 6-4 所示为模块安装位置。

2）使用 ABB 控制柜上的 X5（即 LAN 3）网络接口，并且添加 888-2 PROFINET Controller/Device 或 888-3 PROFINET Device 选项。这两个选项的区别在于，888-2 PROFINET Controller/Device 选项中的机器人既可以作主站，也可以作从站，而 888-3 PROFINET Device 选项中的机器人只能作从站，并且两个选项只能二选一，不能同时开通，如图 6-5 所示。

从图 6-3 和图 6-5 中可以看出 ABB 工业机器人的两种 Profinet 通信硬件实现形式所使用的通信接口都是以太网接口，如果项目没有特别要求，使用普通的网线即可完成其他通信设备与 ABB 工业机器人的通信连接。

图　6-3

图　6-4　　　　　　　　　　　　　　　　　　图　6-5

6.2.2　从站参数配置

当硬件连接完成后，肯定要对 ABB 工业机器人进行相关的配置才能正常使用，下面为大家讲解 ABB 工业机器人作为从站的配置步骤。

1）在主菜单中选择"控制面板"→"配置"后，单击"主题"，找到"Communication"，如图 6-6 所示。

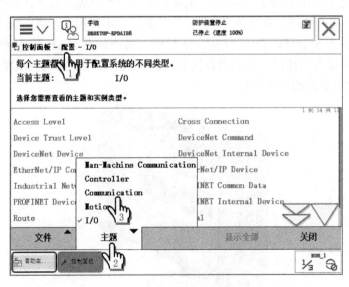

图　6-6

2）双击"IP Setting"，进行 ABB 工业机器人的 IP 地址设定，如图 6-7 所示。

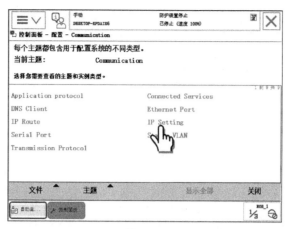

图　6-7

3）进入到 IP Setting 后，一般都可以看到"PROFINET Network"，双击进去进行设定即可。如果没有看到该选项，可以在界面下方单击"添加"，自行创建一个，如图 6-8 所示。

图　6-8

4）进入到"PROFINET Network"界面后，只需修改"IP"和"Subnet"，如图 6-9 所示。填写规则是只需要将其设定在同一网段即可。

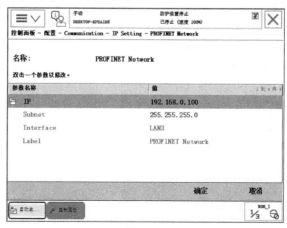

图　6-9

5）设定完 IP 地址后，将"主题"改为"I/O"，如图 6-10 所示。

图 6-10

6）找到"Indusrial Network"，进行 Profinet 设备名称的设定，如图 6-11 所示。

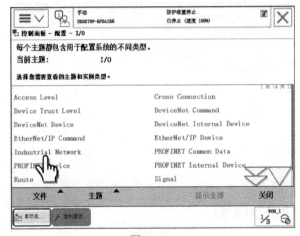

图 6-11

7）找到"PROFINET"选项，单击进入，如图 6-12 所示。

图 6-12

8）在"PROFINET Station Name"参数上添加设备名称，如图 6-13 所示。设备名称的设定没有特别的要求，只需要在与其他设备进行通信时设定一致就可以。

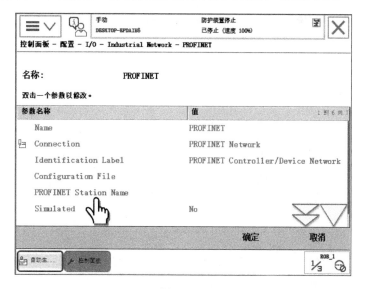

图　6-13

9）返回到"I/O"主题，选择"PROFINET Internal Device"进行通信 I/O 大小的设定，如图 6-14 所示。

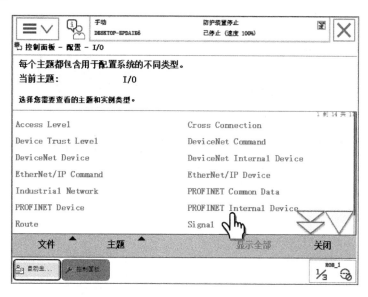

图　6-14

10）单击"PN_Internal_Device"进入，如图 6-15 所示。一般来说该参数都是有的，如果没有可以单击界面下方的"添加"，自行创建。

11）进入 PN_Internal_Device 之后，只需要设定"Input Size"和"Output Size"来分别设定输入、输出的大小，默认是 64B，可以根据需求设定 I/O 通信的大小，如图 6-16 所示。需要注意的是，这里的单位是 64B，就是 512bit，也就是有 512 个数字输入输出。

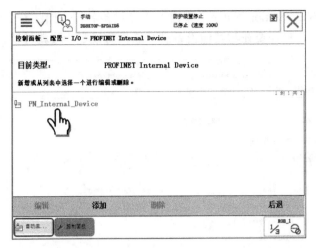

图 6-15

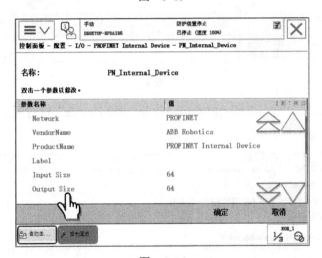

图 6-16

12）当按照上述步骤设定完毕后，就可以开始进行 I/O 信号的添加，如图 6-17 所示。

图 6-17

13）按照正常流程添加 I/O 信号即可，在"Assigned to Device"上使用的是"PN_Internal_Device"。"Device Mapping"地址也是从"0"开始算起，如图 6-18 所示。

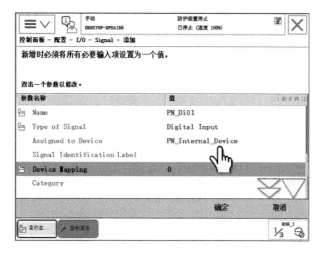

图 6-18

6.3 西门子 s7-1200 应用解析

6.3.1 GSD 文件查找与导入

1. ABB 工业机器人的 GSD 文件

下面为大家讲解如何找到 ABB 工业机器人的 GSD 文件。

1）打开 RobotStudio 仿真软件，选择"Add-Ins"菜单下的"RobotWare 6.06.01"，如图 6-19 所示。

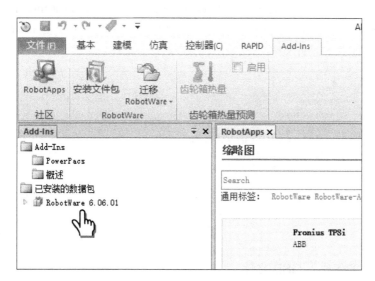

图 6-19

2）右击打开菜单，选择"打开数据包文件夹"，如图 6-20 所示。

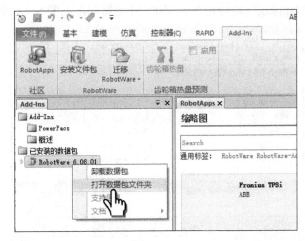

图 6-20

3）单击"打开数据包文件夹"后会弹出一个文件夹，在此处就能找到我们所需要的 GSD 文件，如图 6-21 所示。

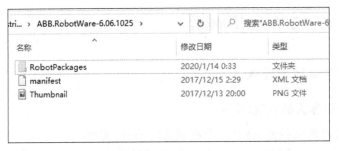

图 6-21

4）打开路径 C：\ProgramData\ABB Industrial IT\Robotics IT \DistributionPackages \ABB. RobotWare-6.06.1025\RobotPackages \RobotWare_RPK_6.06.1025 \utility\service\GSDML，就能看到如图 6-22 所示文件，此处就是我们所需要的 GSD 文件。

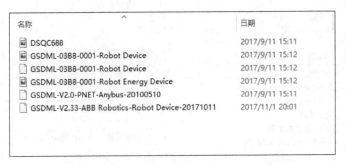

图 6-22

2. 博途软件如何导入 GSD 文件

1）打开博途软件，在"选项"菜单下找到"管理通用站描述文件（GSD）（D）"，如图 6-23

所示。

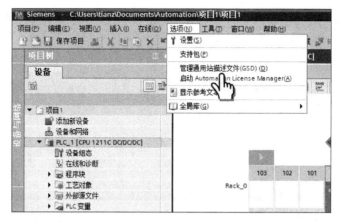

图　6-23

2）单击后会弹出图 6-24 所示界面，需要添加相应路径进行导入。

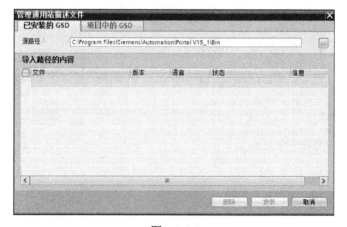

图　6-24

3）在"源路径"中选择 ABB 工业机器人相对应的路径，就会在下面显示出相应的
GSD 文件，如图 6-25 所示。

图　6-25

4）选定 GSD 文件，单击"安装"，等待软件安装完成，如图 6-26 所示。

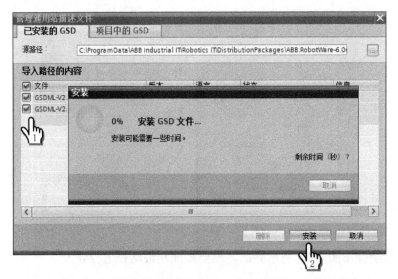

图　6-26

5）安装完成就可以关闭界面，如图 6-27 所示。

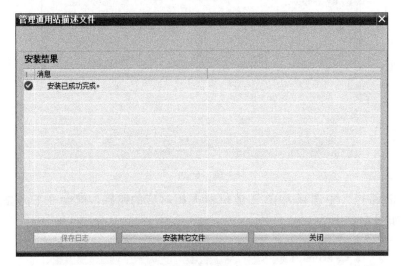

图　6-27

6.3.2　参数配置

正确导入 GSD 文件后，还需要通过博途软件进行配置才能正常使用，下面就为大家讲解如何进行配置。

1）在博途软件中添加相应的 PLC 后，打开"设备和网络"界面，如图 6-28 所示。

2）在博途软件右侧的"硬件目录"菜单中，按照"其它现场设备"→"PROFINET IO"→"I/O"进行展开，就能看到"ABB Robotics"相关选项，选择"BASIC V1.2"添加到设备与网络中，如图 6-29 所示。

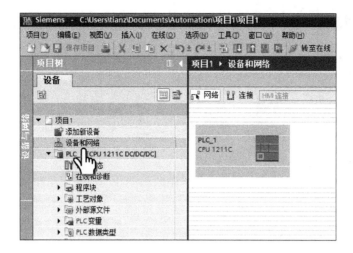

图 6-28

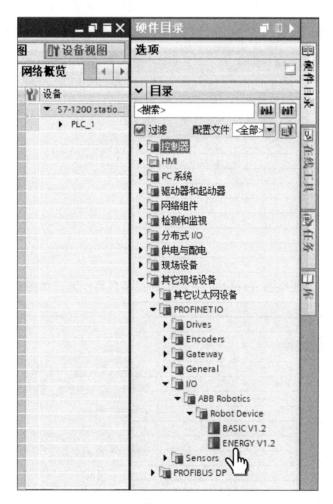

图 6-29

3）单击 PLC 的网口，拉到 ABB 的网口，使其连接，如图 6-30 所示。

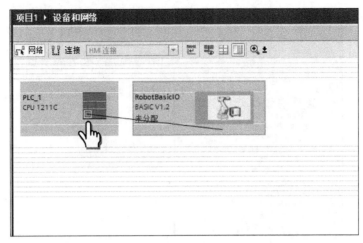

图　6-30

4）将两个设备连接好，双击 ABB 工业机器人组件，开始设定相关参数，如图 6-31 所示。

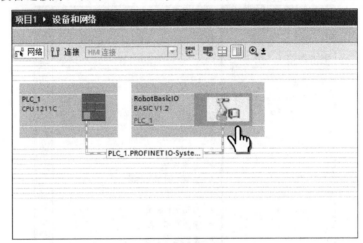

图　6-31

5）参数与 ABB 工业机器人设定的 IP 地址和设备名称一致，如图 6-32 所示。

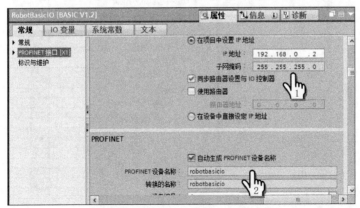

图　6-32

6）修改完成示意图如图 6-33 所示，下一步开始设定通信 I/O。

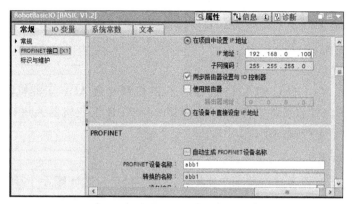

图　6-33

7）添加通信 I/O 大小，在右边的硬件"目录"菜单下，可以看到对应的 I/O 模块，如图 6-34 所示。根据在 ABB 工业机器人中设定的大小，双击选择对应的模块即可。

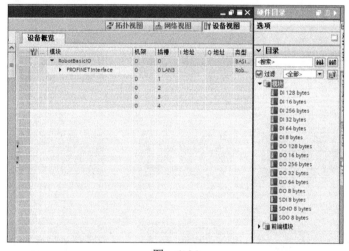

图　6-34

8）添加对应模块后，可在左侧的"I 地址"和"Q 地址"中进行修改，如图 6-35 所示。修改完成后，设定步骤就结束了。

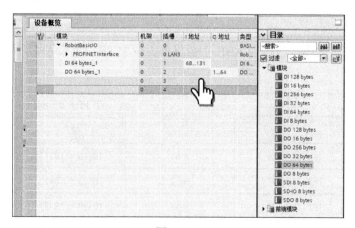

图　6-35

6.4　工业机器人与 PLC 应用实例

1. 项目要求

现在有一项目，由 1 台 CPU 1215 的西门子 PLC 和 9 台 ABB 工业机器人组成的自动化生产线，由西门子 PLC 作为主控 PLC，分别和 9 台 ABB 工业机器人进行 PROFINET 通信交互数据，完成整个生产线的动作。

2. 硬件连接

根据要求，将所有设备都连接到交换机中，其连接示意图如图 6-36 所示。

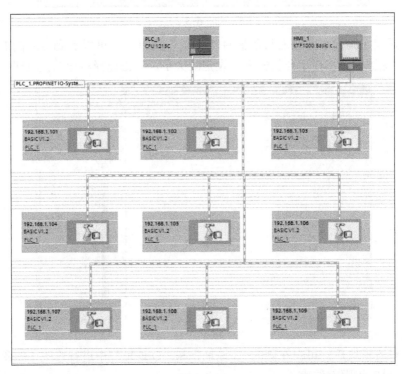

图　6-36

3. 地址分配

根据实际的使用大小，给每台 ABB 工业机器人分配 8B，见表 6-1。

表　6-1

序号	ABB 工业机器人的 IP 地址	设备名称	西门子 PLC（192.168.1.100）的分配地址	
			输入	输出
1	192.168.1.101	abb1	IB110～IB117	Qb110～QB117
2	192.168.1.102	abb2	IB120～IB127	Qb120～QB127
3	192.168.1.103	abb3	IB130～IB137	Qb130～QB137
4	192.168.1.104	abb4	IB140～IB147	Qb140～QB147

（续）

序号	ABB 工业机器人的 IP 地址	设备名称	西门子 PLC（192.168.1.100）的分配地址	
			输入	输出
5	192.168.1.105	abb5	IB150～IB157	Qb150～QB157
6	192.168.1.106	abb6	IB160～IB167	Qb160～QB167
7	192.168.1.107	abb7	IB170～IB177	Qb170～QB177
8	192.168.1.108	abb8	IB180～IB187	Qb180～QB187
9	192.168.1.109	abb9	IB190～IB197	Qb190～QB197

4. ABB 工业机器人的参数设定

虽然有 9 台 ABB 工业机器人，但是其设定参数比较简单而且步骤都相同。

1）根据每台 ABB 工业机器人的要求修改其 IP 地址，如图 6-37 所示。

图　6-37

2）按照要求通过路径："控制面板 - 配置 -I/O-Industrial Network-PROFINET"修改其设备名称，如图 6-38 所示。

图　6-38

3）按照要求修改通信的数据大小，将其输入、输出全部改为 8B，如图 6-39 所示。

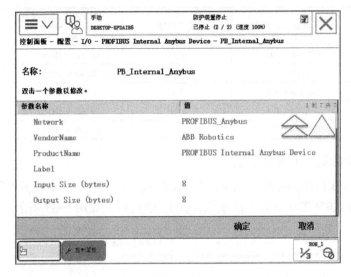

图　6-39

4）将参数全部设定完成后，就可以直接创建 I/O 信号。基本上每台 ABB 工业机器人都会自带一块 DSQC 652 模块，为了避免混淆，可以增加前缀"PN"，再根据 I/O 通信表给对应的 I/O 信号增加备注，如图 6-40 所示。

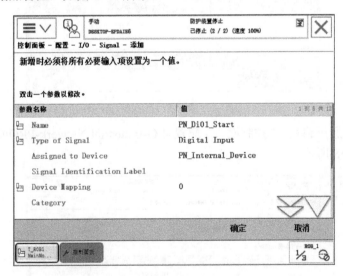

图　6-40

5）将 9 台 ABB 工业机器人都按照上述步骤设定完成后，直接使用创建的 I/O 信号即可。

5. 西门子 PLC 的参数设定

1）要使用以太网通信，首先第一步就是设定本体的 IP 地址，如图 6-41 所示。

2）在"设备和网络"界面，从右侧的硬件目录中添加对应的 ABB 组件，添加完成后，将其连接在一起，连接好后可修改名称，方便后续的修改与维护，如图 6-42 所示。

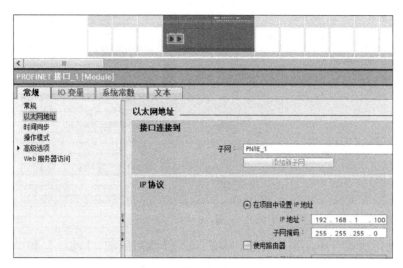

图 6-41

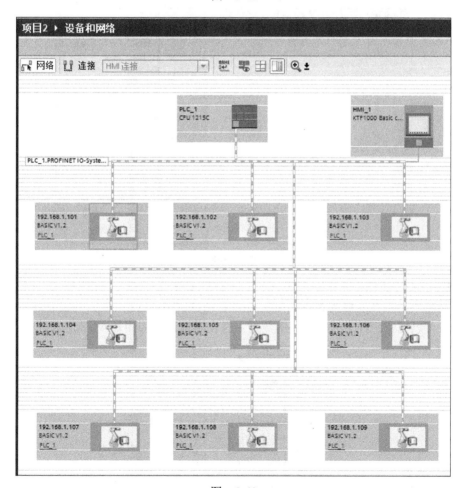

图 6-42

3）逐个单击 ABB 组件，修改 ABB 组件的"IP 地址"和"PROFINET 设备名称"，如图 6-43 所示。

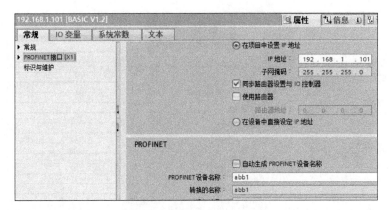

图 6-43

4）在"设备概览"中，添加对应的模块以及修改对应的"I 地址"和"Q 地址"，如图 6-44 所示。

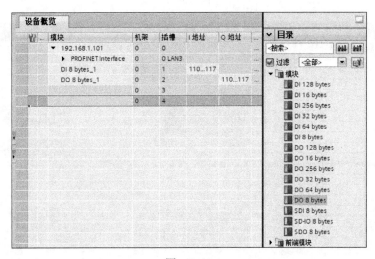

图 6-44

5）根据以上的步骤，将 9 台 ABB 组件全部按照要求进行修改。完成后就可以下载程序，检测是否连接成功。在左侧的设备栏下可以查看每台 ABB 工业机器人有没有连接成功，当连接失败时可以检查硬件有无问题、参数是否有设定错误，如图 6-45 所示。

图 6-45

6. 应用

根据以上步骤设定完成后，就可以像使用 I/O 硬接线信号一般直接调用指定的信号。例如 abb1 设备，与西门子 PLC 通信后相互的 I/O 对照表见表 6-2，PN_Di01 对应西门子 PLC 的 Q110.0。

表　6-2

ABB 输出端→ PLC 输入端	ABB 输出端→ PLC 输入端
Q110.0 → PN_Di01	PN_Do01 → I110.0
Q110.1 → PN_Di02	PN_Do02 → I110.1
Q110.2 → PN_Di03	PN_Do03 → I110.2
Q110.3 → PN_Di04	PN_Do04 → I110.3
Q110.4 → PN_Di05	PN_Do05 → I110.4
Q110.5 → PN_Di06	PN_Do06 → I110.5
⋮	⋮

连接成功后，参照 I/O 配置表，就可以根据工位要求进行正常的程序编写。

7. 扩展

（1）组信号传输问题　若在应用中需要用到 16bit 的组信号输入输出，在西门子 PLC 中就比较简单，与 abb1 通信中可直接使用 QW111 和 QW110。

那么在 ABB 工业机器人中又该如何创建对应的组信号呢？根据以前学习 ABB 工业机器人的知识，应该如图 6-46 所示创建组信号。

图　6-46

但是按照图 6-46 创建组信号后与西门子 PLC 之间发送数据，会发现传输的数据不一致出现乱码。根据西门子 PLC 的传输性质，它的高低位的数据是互换的，所以组信号按照图 6-47 所示添加才是正确的。

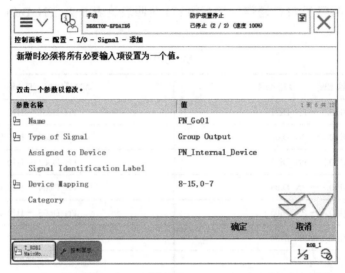

图 6-47

（2）ABB 工业机器人之间的信号传输问题 例如本项目，我们知道每台 ABB 工业机器人都与西门子 PLC 进行通信，那么这些 ABB 工业机器人之间可以相互之间传输数据吗？

答案是不可以的，Profinet 分为主从站，从站只跟主站通信，从站之间不能通信，只能通过主站的程序编写才能实现从站之间的信号交互。

第7章

Socket 套接字实战解析

7.1 Socket 通信基础

1. 硬件连接

Socket，又叫套接字。因为它是基于以太网技术的一种通信方式，所以硬件是通过网线进行连接的。当有多台设备进行套接字通信时，可使用专用的交换机或者无线路由器来实现通信连接。

2. 连接形式

套接字已经将以太网的 TCP/IP 协议族的各种复杂的协议包装好了，我们只需要根据套接字的要求进行程序编写，即可完成设备之间的通信连接。

套接字分为服务端与客户端，是以一对多的形式进行通信，如图 7-1 所示。连接机制为客户端必须主动连接服务端，连接成功后才能进行数据传输。客户端的连接数量，按照理论来说，只要硬件设备足够强悍，是没有限制的。但是对于工业设备来说，每个设备在开发的时候都有自己的设定，因此客户端的连接数量要根据该设备的操作说明书来判断，例如 ABB 工业机器人规定最多只能连接 64 个套接字设备。

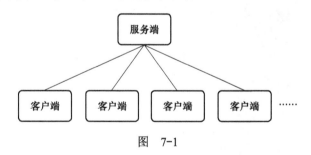

图　7-1

3. 通信形式

套接字规定，设备之间通信需要以 IP 地址 + 端口号的形式进行。

IP 地址对于大家来说比较熟悉。那么在使用中，唯一要求就是网段要一致。

例如：A、B、C 设备需要进行套接字通信，现在设定它们的 IP 地址，那么假设：

A 设备的 IP 地址设定为：192.168.1.20；

B 设备的 IP 地址设定为：192.168.1.30；

C 设备的 IP 地址设定为：192.168.1.40。

示例中，前 3 位 "192.168.1" 相同就为同一网段，最后一位可从 0 ~ 254 中选取一个，但是不能重复。

在日常使用中，一台拥有 IP 地址的计算机主机可以提供很多不同的服务，可以同时进行多种服务的运行，这些服务都是通过一个 IP 地址来实现的。引入端口号，就是为了区分不同的服务。

1 ～ 1023 的端口号已经被系统定义了，例如 502 就是作为 Modbus TCP 的固定端口号，这是无法进行修改的。

1024 ～ 5000 的端口号就是作为临时分配的端口，可让开发应用的人员进行自由分配。我们使用套接字通信，就是使用的 1025 ～ 5000 的端口号。但是具体在 1025 ～ 5000 中能用多少，还是要根据使用设备的操作说明书来选择，例如西门子 S7-1200 进行套接字通信时能用的端口号为 2000 ～ 5000。

5000 以上的端口号是作为预留服务端口，并不常用。

7.2 ABB 工业机器人应用解析

7.2.1 硬件连接

使用套接字通信，可使用 ABB 工业机器人自带的 LAN 3 接口进行连接，如图 7-2 所示。

连接 LAN 3 端口需要设定相关的 IP 地址，修改地址可通过示教器的路径："控制面板 - 配置 -Communication-IP Setting-socket"进行操作，如图 7-3 所示。

图 7-2   图 7-3

7.2.2 指令解析

对于 ABB 工业机器人，如果需要使用套接字通信功能，需添加 616-1 PC Interface 系统选项。对于未配置该选项的机器人，无法使用套接字通信功能。

ABB 工业机器人使用套接字，需要通过编写程序的形式来创建客户端／服务器。套接字相关的指令全部在指令列表的"Communicate"指令集中，如图 7-4 所示。

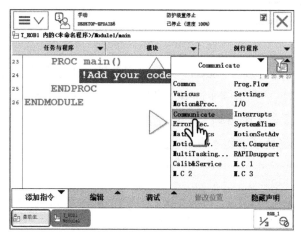

图　7-4

下面为大家讲解相关的套接字指令，本章节主要以 TCP 协议为主。

1. 套接字初始化指令（客户端）

（1）SocketClose　关闭套接字。

套接字一经关闭后，不可对该套接字进行发送、读取、连接、监听等操作。

使用示例：SocketClose socket1;　关闭套接字 socket1。

（2）SocketCreate　创建套接字。

带有交付保证的流型协议 TCP/IP 以及数据电报协议 UDP/IP 的套接字消息传送均得到支持，可开发服务器和客户端应用。针对数据电报协议 UDP/IP，支持采用广播。最多只能同时使用 32 个套接字。

ABB 工业机器人的机制是默认关闭状态的，当程序复位（即 PP 移至 main）或断电重启时，都会自动将所有套接字关闭。

使用示例：SocketCreate socket1;　创建基于 TCP/IP 的套接字 socket1。

（3）SocketConnect　连接远程设备。

将创建的套接字与远程服务器进行连接。当试图连接指定地址和指定端口号时，程序将会在此指令等待，直到连接成功或超时。默认超时时间为 60s，超过等待时间 ABB 工业机器人会报错并停止程序运行。

使用示例：SocketConnect socket1, "192.168.1.100", 1025; 将套接字 socket1 连接 IP 地址为 192.168.1.100、端口号为 1025 的远程设备。

2. 客户端创建连接示例程序

必须先有服务端，才能有客户端连接服务端，因此使用客户端程序时，要先确认服务端是否无异常。

假设硬件连接无异常，ABB 工业机器人当前的 LAN 3 的 IP 地址为 192.168.1.99。现要连接 IP 地址为 192.168.1.100、端口号为 1025 的远程服务端，程序如下：

```
PROC ClientProgram()
    SocketClose socket3;
    SocketCreate socket3;
    SocketConnect socket3, "192.168.1.100", 1025;
    ......
ENDPROC
```

通过上述程序，创建套接字 socket3 并连接服务端。当运行到指令 SocketConnect 时，若指针停在此处，则表示未能连接服务端。直到连接成功才能继续往下运行。

3. 套接字初始化指令（服务端）

（1）SocketBind 将套接字与本机 IP 地址和端口绑定。

只能应用于服务端，并且不能重复绑定，否则会发生错误。ABB 工业机器人可自由使用的端口号为 1025 ～ 4999。

使用示例：SocketBind socket1, "192.168.1.99", 1026; 将本机 IP 地址与可用端口号进行绑定。

（2）SocketListen 监听输入连接。

只能应用于服务端，当将本地 IP 地址与端口号绑定后，运行此指令，就开始监听绑定地址的输入连接。当运行此指令后，ABB 工业机器人就可以接收来自客户端的连接请求。

使用示例：SocketListen socket1; 监听绑定在 socket1 上的 IP 地址与端口号。

（3）SocketAccept 接受客户端的连接请求。

只能应用于服务端。当没有客户端连接时，程序会在此等待，直到有连接请求或超时，默认超时时间为 60s，超过等待时间 ABB 工业机器人会报错并停止程序运行。

使用示例：SocketAccept socket1, socket2; 等待所有输入连接，接受连接请求并返回已建立的客户端套接字。

4. 服务端创建示例程序

假设硬件连接无异常，ABB 工业机器人当前的 LAN 3 的 IP 地址为 192.168.1.99。现在要创建 ABB 工业机器人为服务端，端口号可在 1025 ～ 4999 中选择，现选择端口号 2000，程序如下：

```
PROC ServerProgram()
    SocketClose socket1;
    SocketCreate socket1;
    SocketBind socket1, "192.168.1.99",2000;
    SocketListen socket1;
    SocketAccept socket1, socket2;
    ......
ENDPROC
```

通过上述程序，创建一个服务端。当程序运行到指令 SocketAccept 时，若指针停留在此处，则表示还没有远程客户端连接成功。直到有远程客户端连接成功才能继续运行。

5. 套接字数据传输指令

传输指令可同时应用于客户端和服务端。

（1）SocketSend 以 TCP 协议向远程设备发送数据。

发送的数据类型可以是 [\Str]、[\RawData]、[\Data]3 种数据类型中的其中 1 种。在同一时间只能使用一种数据类型，发送类型应与设备通信中的类型一致。数据类型说明如下：

[\Str]：1 个字符串 string 可以拥有 0 ～ 80 个字符，可包含 ISO 8859-1 (Latin-1) 字符集中编号 0 ～ 255 的任意字符。

[\RawData]：将 rawbytes 用作一个通用数据容器，即可将多种不同类型的数据封装于 1 个 rawbytes 中。其可以用于同 I/O 设备进行通信。rawbytes 变量可能包含 0 ～ 1024B。

[\Data]：以 byte 数据类型发送数据，最多可拥有 1024 个 byte 型数据。byte 型数据用于符合字节范围的整数值（0 ～ 255）。如果 1 个 byte 型参数拥有 1 个 0 ～ 255 以外的值，则程序执行会返回一个错误。

使用中要注意的是，在通过 SocketSend 发送数据后，若马上使用 SocketClose 关闭套接字连接，会导致发送失败。为避免有关数据丢失的此类问题，应在 SocketClose 之前添加其他指令动作，或者延长最少 2s 的关闭时间。程序如下：

```
PROC main()
    ……
    SocketSend socket2\Str:=string1;
    WaitTime 2;
    SocketClose socket1;
    ……
ENDPROC
```

使用示例：SocketSend socket2\Str:=SD_string;　将字符串 SD_string 中的数据发送给远程设备。

（2）SocketReveice　以 TCP 协议接收来自远程设备的数据。

接收的数据可以是 [\Str]、[\RawData]、[\Data]3 种数据类型中的其中 1 种。在同一时间只能使用一种数据类型。具体说明可参考 SocketSend 指令中的讲解。

当运行到此指令时，若没有接收到数据，程序会一直等待，直到接收到数据或者超时。默认超时时间为 60s。超过规定时间 ABB 工业机器人会报错并停止程序运行。

使用示例：SocketReveive socket1\Str := RD_string;　接收远程设备的字符串，并存储在 RD_String 中。

6.　传输指令示例程序

通过上面的学习可以知道，必须客户端主动连接服务端，连接成功后才能进行传输数据。不管 ABB 工业机器人作为服务端还是客户端，都要用到接收发送指令。而且 ABB 工业机器人作为服务端或客户端的时候，在使用数据传输上有一点小小的区别，程序如下：

（1）客户端程序

```
PROC ClientProgram()
    SocketClose socket1;
    SocketCreate socket1;
    SocketConnect socket1, "192.168.1.100", 1025;
    ……
    SocketSend socket1\Str:=SD_string;
    SocketReveice socket1\Str := RD_string;
    ……
ENDPROC
```

（2）服务端程序

```
PROC ServerProgram()
    SocketClose socket1;
    SocketCreate socket1;
    SocketBind socket1, "192.168.1.99",2000;
    SocketListen socket1;
    SocketAccept socket1, socket2;
    ......
    SocketSend socket2\Str:=SD_string;
    SocketReveice socket2\Str := RD_string;
    ......
ENDPROC
```

仔细观察可以发现，在 SocketSend 和 SocketReveice 这两条指令中，ABB 工业机器人作为客户端的时候，接收发送用的是 socket1；当作为服务端时，接收发送用的是 socket2。不少人因为没分清而导致程序错误。这是因为当使用服务端的时候，socket1 和本机已经进行绑定并接收监听，socket2 接受输入连接请求。

当程序运行到指令 SocketReveice 时，若指针停留在此处，则表示还没有接收到数据或者远程设备没有发送数据，超过默认时间 60s，程序会报错并停止运行。

小贴士　从上面的内容中可以发现，SocketConnect、SocketAccept、SocketReveice 指令都有默认等待时间 60s，超过等待时间，ABB 工业机器人就会报错。若想延长或缩短等待时间，可以添加参数 [\Time]，若要永久等待，可使用预定义常量 WAIT_MAX。指令如下：

SocketReveice socket1\Str := RD_string\Time:=WAIT_MAX;

7. 其他相关指令

SocketGetStatus 获得当前套接字的状态。

SocketGetStatus 为带 socketstatus 返回值的功能函数。函数返回对应预定义的套接字状态的值，见表 7-1。

表 7-1

预定义状态	返回值	状态定义
SOCKET_CREATED	1	已创建
SOCKET_CONNECTED	2	作为客户端已连接服务端
SOCKET_BOUND	3	作为服务端已连接客户端
SOCKET_LISTENING	4	监听中
SOCKET_CLOSED	5	关闭状态

使用示例：SocketCreate socket1;
　　　　　socketstatus1 := SocketGetStatus(socket1);
　　　　　TPWrite ValToStr(socketstatus1);

运行后，TPWrite 会显示数值 1，数值 1 对应的状态为 SOCKET_CREATED。

7.3　西门子 S7-1200 应用解析

7.3.1　应用基础

西门子 S7-1200 要使用套接字功能，可通过添加指令列表中"通信"菜单中的"开放式用户通信"中的相关指令进行连接，如图 7-5 所示。

图　7-5

从图 7-5 可以看到有很多相关的指令，那么可以使用的有：

1）TSEND_C：建立连接和发送数据。

2）TRCV_C：建立连接和接收数据。

3）TCON：建立通信连接。

4）TDISCON：断开通信连接。

5）TSEND：通过通信连接发送数据。

6）TRCV：通过通信连接接收数据。

上述指令可以发现有很多相同的地方，在使用时不用全部添加，根据需要搭配即可。搭配的基本原则有：建立连接、断开连接、发送数据与接收数据。

所以从上述指令来看，可以有 3 种搭配方式：

1）TSEND_C 与 TRCV。

2）TRCV_C 与 TSEND。

3）TCON、TDISCON、TSEND 与 TRCV。

使用上述任一组合均可实现套接字通信。配置过程基本一致，下面就以第 1 种 TSEND_C 与 TRCV 搭配演示如何进行配置连接。

7.3.2 指令解析

1. TSEND_C 指令添加

TSEND_C 是建立连接，保持并进行监控，并且发送数据的指令，下面讲解如何添加和配置该指令。

1）打开博途软件，创建新任务之后，打开程序界面，通过右侧的指令列表双击添加 TSEND_C 指令，会弹出添加数据块的提示，这个数据块可选择系统自动创建，也可以选择自己手动添加。在这里选择系统自动创建，直接单击"确定"按钮，如图 7-6 所示。

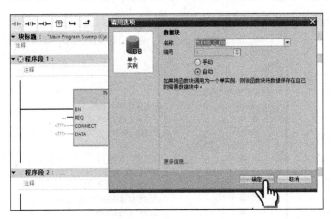

图 7-6

2）指令添加后，单击对话框下方的倒三角展开，可看到所有需添加的参数，如图 7-7 所示。

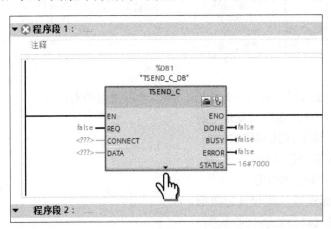

图 7-7

3）展开后如图 7-8 所示。TSEND_C 为设置和建立通信连接。建立连接后，CPU 会自动保持和监视该连接。各个参数分别为：

输入端：

REQ：上升沿启动发送数据，一次上升沿信号发送一次数据。

CONT：控制通信连接。0 或 false：断开通信连接；1 或 true：建立并保持通信连接。

LEN：发送最大字节数。如果 DATA 参数中使用具有优化访问权限的发送区，此参数值必须为 0。

CONNECT：指向连接描述结构的指针。

DATA：发送数据存储地址。

ADDR：使用 UDP 时所需的参数，使用 TCP 时不用填入数据。

COM_RST：为 1 时重置现有连接。

输出端：

DONE：状态为 0 时表示数据尚未发送或正在进行中，状态为 1 时表示发送已完成，但状态只显示一个循环周期。

BUSY：状态为 0 时表示数据尚未发送或已完成，状态为 1 时表示数据正在发送中。

ERROR：状态为 0 时表示无错误，状态为 1 时表示错误状态。

STATUS：显示当前错误状态的信息，可通过按下 <F1> 键查看相关错误信息的说明手册，如图 7-9 所示。

其中有两个参数需要注意：CONNECT和 DATA。CONNECT 需要通过组态创建数据，DATA 需要使用数据块。

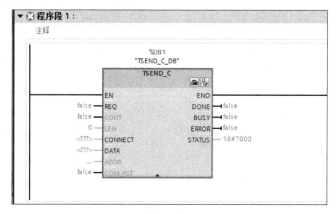

图　7-8

TSEND_C: 建立连接并发送数据		
ERROR 和 STATUS 参数		
ERROR	STATUS* (W#16#...)	说明
0	0000	发送作业已成功执行。
0	0001	通信连接已建立。
0	0003	通信连接已关闭。
0	7000	未执行任何活动的发送作业；未建立任何通信连接
0	7001	连接建立的初次调用。
0	7002	连接建立的二次调用
0	7003	正在终止通信连接。
0	7004	通信连接已建立并且正在受到监视，没有正在执行

图　7-9

4）将对应参数填入，下面开始讲解如何进行 CONNECT 参数的组态设定。

单击指令右上方的蓝色按钮，进入组态的设定，如图 7-10 所示。

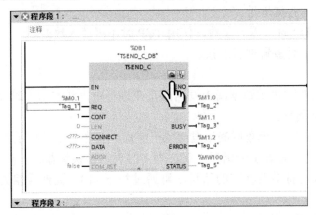

图　7-10

5）在下方会弹出一个组态窗口，开始设定连接对方设定的相关参数。单击"伙伴"下拉菜单，选择"未指定"，如图 7-11 所示。

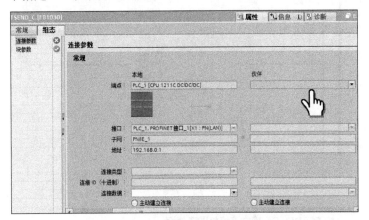

图　7-11

6）将伙伴选择未指定后，单击"连接数据"下拉菜单，选择"〈新建〉"，系统会自动新建一个连接数据，如图 7-12 所示。

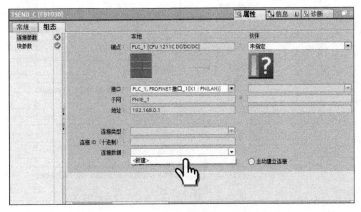

图　7-12

7）将连接数据新建完成后，填入将要与西门子进行套接字通信的对方设备 IP 地址，如图 7-13 所示。

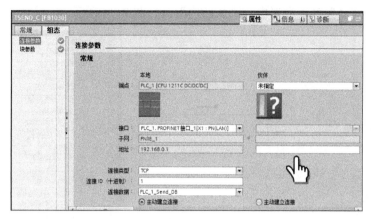

图　7-13

8）填入对方设备的 IP 地址后，将组态界面往下拉，将剩余参数填写完毕，如图 7-14 所示。

图　7-14

PLC 的 IP 地址在这里无法进行修改，需要进入 PLC 设备的以太网地址界面进行修改。

"连接类型"可选择 TCP、ISO-on-TCP、UDP 3 种，本文以 TCP 为例，所以"连接类型"选择"TCP"。

"连接 ID（十进制）"可填入的范围值为 1 ～ 4095。可理解为一个通道，而且接收与发送都需要选择同一个通道进行传输。TSEND_C 作为建立连接并发送数据的指令，接收数据需要使用 TRCV 指令，那么 TRCV 接收数据的 ID 就要使用与之一致的数值。

主动建立连接，大家都知道套接字分客户端与服务端，而且必须客户端主动连接服务端。那么在此选项中，选择哪个设备主动建立连接，就表示这个设备是客户端。如图 7-14 所示，当前选择的是 PLC 端主动建立连接，那么 PLC 就作为客户端，对方设备作为服务端。

"端口（十进制）"可填入的范围为 2000 ～ 5000。套接字通信以 IP 地址＋端口号的形式进行连接，所以在这里填入对应端口号，端口号的范围以该设备的要求为准。"本地端口"与"伙伴端口"不能使用相同值，在此可填入 2001。

9）全部参数填写完毕后再看程序界面，可以看到"CONNECT"参数已被填上。还有

133

最后一个"DATA"参数，如图 7-15 所示。"DATA"参数可以选择填入数据块参数，也可以选择填入 M 区参数，下面以填入数据块参数为例进行讲解。

10）在"程序块"菜单中双击"添加新块"，如图 7-16 所示。

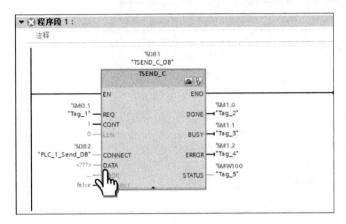

图　7-15　　　　　　　　　　　　　　　　图　7-16

11）单击"添加新块"后会弹出界面，选择"数据块"，将"名称："改为"Socket_Data"，修改完成后单击"确定"按钮，如图 7-17 所示。

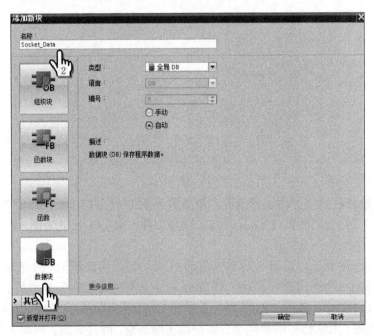

图　7-17

12）创建数据块后，添加相应的"发送数据"与"接收数据"，分别都为 10 的字节数组，如图 7-18 所示。

13）将数据创建完成后，从指令的数据长度"LEN"可知，是否选择可优化的数据块对其参数的设定有影响，那么如何设定优化的块访问呢？

右击"Socket_Data"，在打开的菜单中选择"属性 ..."，如图 7-19 所示。

图　7-18

图　7-19

14）在弹出的界面中找到"属性"，取消勾选"优化的块访问"，如图 7-20 所示。

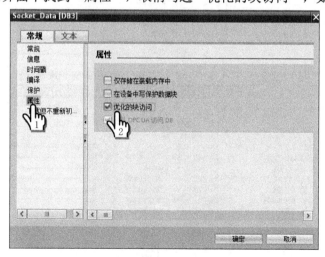

图　7-20

15）在弹出的对话框中单击"确定"按钮来确定修改优化的块访问并关闭窗口，如图 7-21 所示。

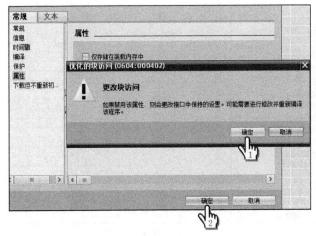

图 7-21

16）将"优化的块访问"取消勾选之后，需要单击一次"编译"，数据块里的数据才能显示偏移量，如图 7-22 和图 7-23 所示。若不进行编译会在后续添加指令的时候出现报错。

图 7-22

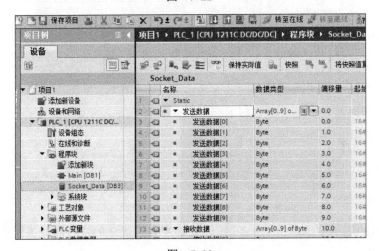

图 7-23

17）最后将数据填入"DATA"中，同时将"LEN"的值改为"10"。那么这条指令的含义就是作为客户端进行连接，并且 M0.1 接通一次就发送 10B，如图 7-24 所示。

填入数据的方法有两种，可以直接手动输入"P#DB3.DBX0.0"也可以输入"Socket_Data"，在弹出的对话框中选择"发送数据"→"无"。

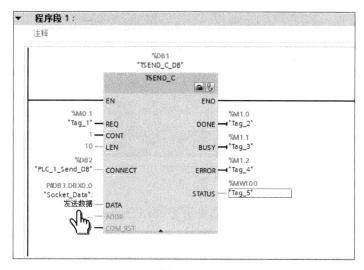

图　7-24

2. TRCV 指令添加

TRCV 是通过对应的通信连接来接收数据的指令，下面讲解如何进行指令的添加。

1）在博途软件的右侧指令列表中单击"通信"→"开放式用户通信"→"其它"。双击"TRCV"进行指令的添加，如图 7-25 所示。

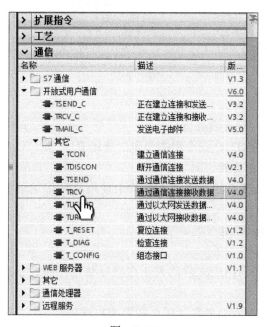

图　7-25

2）双击之后，选择系统自动创建数据块即可，直接单击"确定"按钮，如图 7-26 所示。

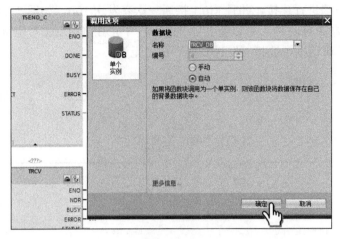

图 7-26

3）将指令添加到程序中，单击对话框下方的倒三角展开，可以看到有很多参数，如图 7-27 所示。

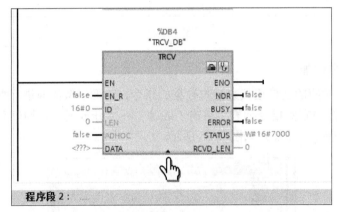

图 7-27

输入端：

EN_R：状态为 1 时启动接收数据。

ID：连接 ID，与 TSEND_C 指令组态设定的连接 ID 一致。以确保在 TRCV 指令接收的是来自 TSEND_C 所建立的连接。

LEN：接收数据的长度。如果 DATA 参数中使用具有优化访问权限的发送区，那么此参数值必须为 0。

DATA：接收数据的存放地方。

输出端：

NDR：状态为 0 时表示作业未启动或正在执行数据接收。状态为 1 时表示已经完成数据接收。

BUSY：状态为 0 时表示尚未启动或已经完成数据接收，状态为 1 时表示数据正在接收中，无法开启新的数据接收。

ERROR：状态为 0 时表示无错误，状态为 1 时表示出现错误。

STATUS：显示当前的错误代码，可通过按下〈F1〉建查看系统手册中的错误代码，如图 7-28 所示。

RCVD_LEN：实际接收到的字节量。

TRCV: 通过通信连接接收数据		
ERROR	STATUS* (W#16#...)	说明
0	0000	作业已成功完成。在参数 RCVD_LEN 中输出已接收数
0	7000	块未做好接收准备。
0	7001	块已经备好接收，接收作业已激活。
0	7002	中间调用，接收作业正在执行。 注：处理作业期间，数据会写入接收区。此时访问接收
1	8085	• 参数 LEN 大于允许的最大值。 • 参数 LEN 或 DATA 的值在第一次调用后发生改变。 • 参数 LEN 和 DATA 的值均为 "0"或 LEN 的长度超
1	8086	ID 参数超出了允许的地址范围 (1 ..0x0FFF)。
1	8088	• 接收区过小。 • 参数 LEN 的值大于参数 DATA 中设置的接收区
1	80A1	通信错误；

图　7-28

4）有了添加 TSEND_C 指令的铺垫，添加 TRCV 指令就会简单很多。

需要一直保持接收，那么 EN_R 就可以设定为 1；

在 TSEND_C 组态中的连接 ID 为 1，那么 TRCV 的连接 ID 就填入 1；

接收数据长度按照需要可以设定为 10；

接收到数据后保存位置可选择数据块"Socket_Data"中的字节数组："接收数据"，如图 7-29 所示。

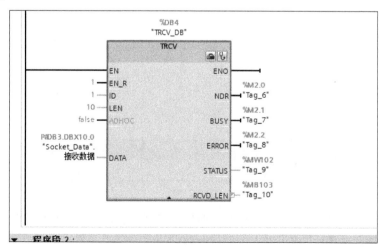

图　7-29

7.4 工业机器人与 PLC 应用实例

7.4.1 一对一连接

1. 项目要求

在由一台 ABB 工业机器人与西门子 PLC 组成的通信网络中,以 ABB 工业机器人作为服务端,西门子 PLC 作为客户端。

ABB 工业机器人与西门子 PLC 建立连接,相互发送 5B,共同协作完成生产任务。

2. 硬件连接

使用以太网连接都比较简单,直接用水晶头连接到对方的以太网口即可,如图 7-30 所示。

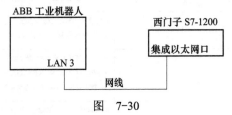

图 7-30

3. 参数配置

(1) ABB 工业机器人参数配置 ABB 工业机器人通过编写程序来实现通信连接,只需要配置 IP 地址。将 ABB 工业机器人的参数设定如下:

IP 地址:192.168.1.100;

掩码:255.255.255.0;

设定接口:LAN3;

名称:Socket。

修改完成后重启系统,如图 7-31 所示。

图 7-31

(2) 西门子 PLC 参数配置 同样的,西门子 PLC 也是使用指令实现 Socket 通信,只需要设定 IP 地址与 ABB 工业机器人的网段一致即可。

1) 打开博途软件,添加完 PLC 后,选择"设备和网络",单击 PLC 的网口,如图 7-32 所示。

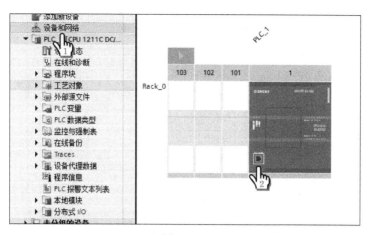

图　7-32

2）在"常规"菜单中找到"以太网地址"，将"IP 地址"修改为"192.168.1.101"，如图 7-33 所示。

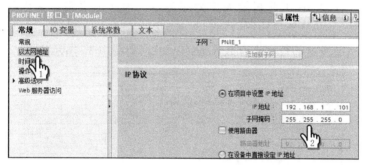

图　7-33

4. 程序编写

（1）ABB 工业机器人程序的编写　分别创建字节数据："Reveice_Byte1"和"Send_Byte1"。 SocketReveice 接收的数据必须为变量，因此将"存储类型"设定为"变量"。

由于要求交互 5B 的数据，因此将两个数据都设定为数组，如图 7-34 和图 7-35 所示。

图　7-34

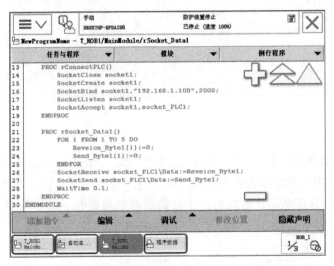

图 7-35

在此项目中，以 ABB 工业机器人作为服务端，因此使用服务端程序。SocketBind 添加的是机器人本体的 IP 地址。连接成功后，就可以进行数据的传输。接收到的数据会存入 Reveice_Byte1，需要发送的数据会存入 Send_Byte1，如图 7-36 所示。

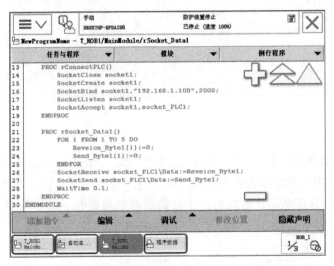

图 7-36

通过以上的设定，ABB 工业机器人若需要判断西门子 PLC 发送过来的数据，则直接调用 Reveice_Byte1 中的数据即可，若需要传输给西门子 PLC 数据，则直接存入 Send_Byte1 中即可。

（2）西门子 PLC 程序的编写　西门子 PLC 可添加 TSEND_C 和 TRCV 指令进行数据的传输。发送使用脉冲时钟，0.1s 传输一次数据。接收与发送的数据长度设定为 5B，如图 7-37 所示。

在 TSEND_C 设定的组态中，要注意不要填错 ABB 工业机器人的 IP 地址 "192.168.1.100" 和端口号 "2000"。西门子 PLC 作为客户端，要主动建立连接，如图 7-38 所示。

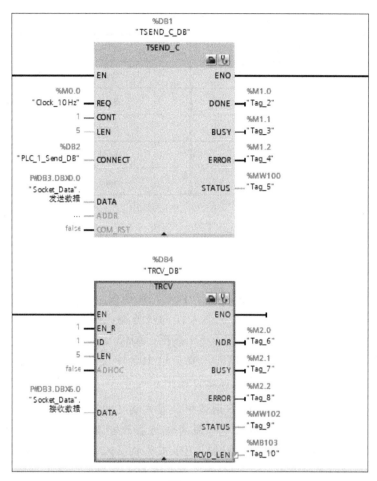

图　7-37

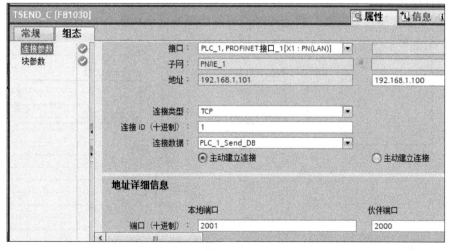

图　7-38

通过上述步骤，就可以建立通信，进行数据的传输。ABB 工业机器人与西门子 PLC 之间的 I/O 对照表见表 7-2。

表 7-2

PLC 输出端→ ABB 输入端	PLC 输出端→ ABB 输入端
发送数据 [0] → Reveice_Byte1{1}	Send_Byte1{1} → 接收数据 [0]
发送数据 [1] → Reveice_Byte1{2}	Send_Byte1{2} → 接收数据 [1]
发送数据 [2] → Reveice_Byte1{3}	Send_Byte1{3} → 接收数据 [2]
发送数据 [3] → Reveice_Byte1{4}	Send_Byte1{4} → 接收数据 [3]
发送数据 [4] → Reveice_Byte1{5}	Send_Byte1{5} → 接收数据 [4]

7.4.2　一对多连接

1. 项目要求

在 7.4.1 节的基础上，再添加一台西门子 PLC。现在由一台 ABB 工业机器人和两台西门子 PLC 组成通信网络。以 ABB 工业机器人作为服务端，两台西门子 PLC 作为客户端。ABB 工业机器人与西门子 PLC-1 仍然交互 5B 数据；ABB 工业机器人与西门子 PLC-2 交互 10B 数据，而且在与西门子 PLC-2 通信时，要在这 10B 中交互如产品到位、托盘到位、料清空等的信号，因此还要将字节转化成位进行使用。

> 小贴士
>
> 在多台设备组成的 Socket 通信网络中，客户端之间可以直接交互数据吗？
>
> 答案是不可以的，客户端只能跟服务端连接进行数据交互，若两台客户端需要交互数据，则需要通过服务端（例如 ABB 工业机器人），编写程序将两台客户端的数据互联。

2. 硬件连接

当有多台以太网设备需要进行连接时，可添加交换机，如图 7-39 所示。

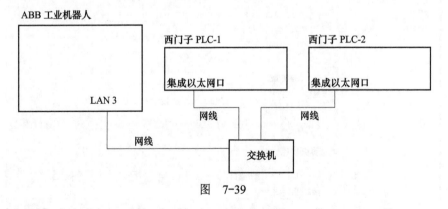

图　7-39

3. 参数配置

ABB 工业机器人与西门子 PLC-1 间参数配置的内容与 7.4.1 节相同。

西门子 PLC-2 设定的"IP 地址"为"192.168.1.102"，如图 7-40 所示。

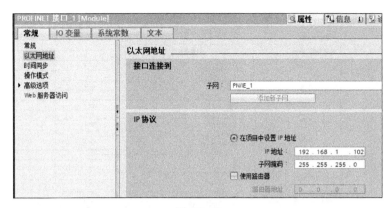

图　7-40

4. ABB 工业机器人程序的编写

1）添加 ABB 工业机器人与西门子 PLC-2 的通信连接程序，只需要在原来的通信程序上增加一条 SocketAccpet 指令，该指令的参数新增"socket_PLC2"，如图 7-41 所示。

图　7-41

2）在 7.4.1 节的基础上添加与西门子 PLC-2 进行数据传输的字节数据："Reveice_Byte2"和"Send_Byte2"，如图 7-42 和图 7-43 所示。

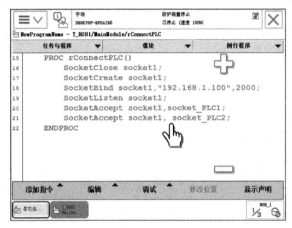

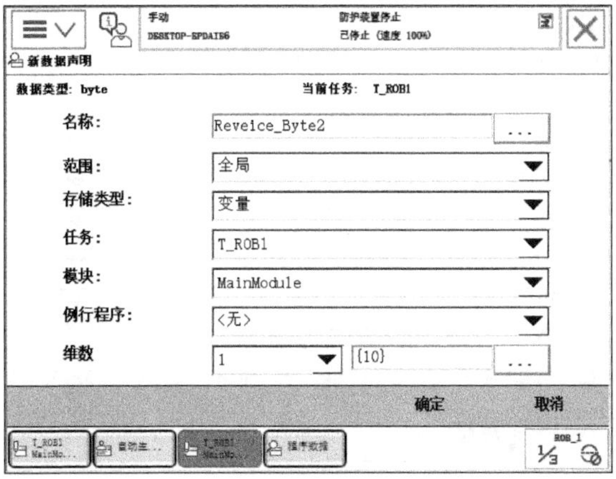

图　7-42

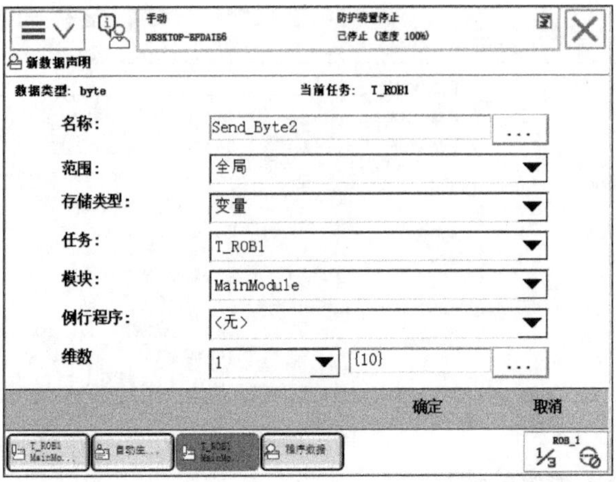

图　7-43

3）还需将字节转化成为位，1B=8bit，因此需要 80bit。现在创建两个布尔量数组 IN[80] 和 OUT[80]，如图 7-44 和图 7-45 所示。

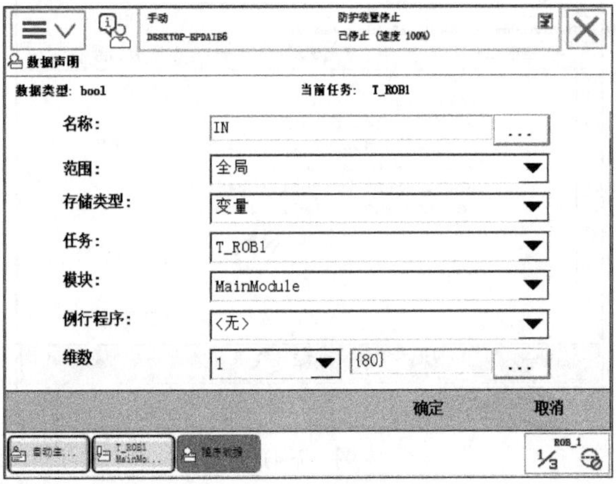

图　7-44

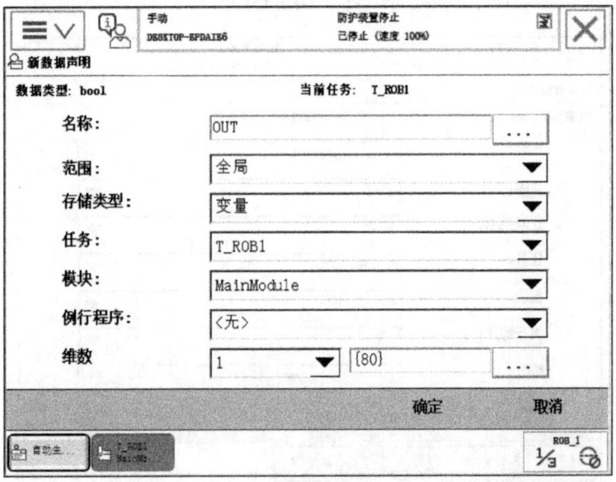

图　7-45

4）关于如何将字节转换成位，在第 3 章已经讲解过。示例如下：

```
FOR i FROM 1 TO 10 DO
    FOR j FROM 1 TO 8 DO
        IN{(i-1) * 8 + j} := BitCheck(Reveice_Byte2{i},j);
    ENDFOR
ENDFOR
```

5）将位转换成字节，有两种方法：

① 通过计算的形式转换：

```
FOR i FROM 1 TO 10 DO
    FOR j FROM 1 TO 8 DO
        IF OUT{(i - 1) * 8 + j} THEN
            Send_Byte2{i} := Send_Byte2{i} + Pow(2,i - 1);
        ENDIF
    ENDFOR
ENDFOR
```

② 通过直接置位的形式转换：

```
FOR i FROM 1 TO 10 DO
    FOR j FROM 1 TO 8 DO
        IF OUT{(i - 1) * 8 + j} THEN
            BitSet Send_Byte2{i}, j;
        ENDIF
    ENDFOR
ENDFOR
```

通过上述程序，就可以在字节与位之间进行相互转换，程序如图 7-46 所示。

图　7-46

通过以上程序，ABB 工业机器人就可以同时与两台西门子 PLC 进行通信。还可以实现字节与位之间的转换，需要用到的信号，直接使用 IN{ } 和 OUT{ } 就可以实现。

5. 西门子 PLC 程序的编写

1）西门子 PLC-1 的程序参考 7.4.1 节。

2）西门子 PLC-2 的通信程序需要将传输的字节转换成位使用，可以直接使用 M 区，如图 7-47 所示。其组态设定与西门子 PLC-1 一致，可参考 7.4.1 节。

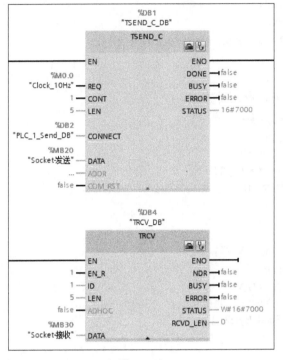

图　7-47

3）ABB 工业机器人与西门子 PLC-2 之间的 I/O 对照表见表 7-3。

表　7-3

ABB 输出端→ PLC 输入端	ABB 输出端→ PLC 输入端
M20.0 → IN{1}	OUT{1} → M30.0
M20.1 → IN{2}	OUT{2} → M30.1
M20.2 → IN{3}	OUT{3} → M30.2
M20.3 → IN{4}	OUT{4} → M30.3
M20.4 → IN{5}	OUT{5} → M30.4
M20.5 → IN{6}	OUT{6} → M30.5
⋮	⋮

通过上述步骤，就可以将一台 ABB 工业机器人与两台西门子 PLC 连入到 Socket 网络中进行数据传输。

第8章

Modbus 实战解析

8.1 Modbus 通信基础

当前 Modbus 分为 3 种模式：Modbus RTU、Modbus ASCII、Modbus TCP，它们的关系如图 8-1 所示。

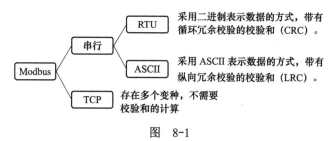

图　8-1

其中 Modbus RTU 和 Modbus ASCII 都是基于串行设备上的通信协议，Modbus TCP 是基于工业以太网上的通信协议。它们在数据模型和功能调用上都是相同的，只有传输报文的封装方式不同。

8.1.1 Modbus 串行协议

从图 8-1 可以知道，Modbus 串行协议分为 Modbus RTU 和 Modbus ASCII 两种形式。

1. 硬件

Modbus 串行协议，其硬件采用串行接口，可以是 RS-232C，也可以是 RS-485。但是由于 RS-232C 使用上的抗干扰能力较弱和传输距离较短等问题，因此市面上更多采用 RS-485 进行连接。

以 RS-485 为例，当多台设备进行连接的时候，硬件一对一并联连接，如图 8-2 所示。

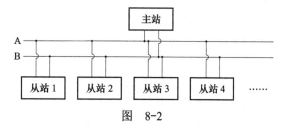

图　8-2

2. Modbus 串行协议的应用基础

（1）站号　Modbus 串行协议使用的是一主多从的模式进行数据传输，特点是在同一时间内，总线上只能有 1 个主站，其余都为从站。主站是没有站号编码的，从站的编码从 1 号站开始，最多可以有 247 个。其特点是传输数据只能由主站主动发出，对应从站收到主站的信息后做出反应，从站是不能主动发出消息的。

（2）功能码　Modbus 标准协议中规定了三类功能码：公共功能码、用户自定义功能码、保留功能码。本节只对公共功能码进行解析。

Modbus 标准协议中规定不同的功能都有其特定的功能码，见表 8-1。

表　8-1

公共功能码	具体功能
0x01	读取线圈 / 离散量输出状态
0x02	读取离散量输入值
0x03	读取保持寄存器值
0x04	读取输入寄存器值
0x05	写单个线圈或单个离散输出
0x06	写单个保持寄存器
0x08	诊断功能
0x0B	获取通信事件计数器
0x0C	获取通信事件记录
0x0F	写多个线圈
0x10	写多个保持寄存器
0x11	报告从站 ID（仅用于串行）

（3）传输模式　传输模式有两种，分别为单播模式和广播模式，具体解释见表 8-2。

表　8-2

传输模式	具体功能
单播模式	主站发出信号后，被寻址的从站做出响应，因此每个从站都有 1 个唯一的地址（1～247）。主站不占用地址
广播模式	主站发出信号后，所有从站接收信号但不做反馈。地址 0 为广播通信识别号

主站的寻址范围见表 8-3。

表　8-3

地址	作用
0	广播地址
1～247	从站地址
248～255	保留

可以看出，不管是单播模式还是广播模式，主站发出的信息全部从站都可以收到，只有符合主站要求回应的从站才能做出反馈。而广播模式是所有从站都不做回应。

（4）校验和　Modbus RTU 采用的是循环冗余校验的校验和，简称 CRC；Modbus ASCII 采用的是纵向冗余校验的校验和，简称 LRC。在应用中，我们是不需要知道 CRC 与 LRC 的校验和是怎么生成的，很多情况下开发者已经帮我们做好了，直接使用即可。

由于 Modbus RTU 与 Modbus ASCII 的消息帧与校验和不同，因此不能混合使用。

3. Modbus RTU 的传输格式

Modbus RTU 模式中，传输数据至少要间隔 3.5 个字符作为传输结束的标志，意思就是主站发送数据给从站，从站接收数据后的 3.5 个字符时间没有收到数据，就判断主站发送完成。同理，从站反馈数据给主站也是一样的。

3.5 个字符时间怎么计算呢？在通常情况下，1 个字符包括 1bit 起始位、8bit 数据位、1bit 校验位和 1bit 停止位，那么 3.5 个字符就等于 38.5bit。在学习串行通信的时候可以知道，9600 波特率表示 1s 传输 9600bit，那么用 38.5bit 除以当前的波特率就能得知对应的时间是多少。

Modbus RTU 的主站发送传输格式见表 8-4。

表　8-4

从站地址	功能码	传输数据	CRC 校验
8bit	8bit	N*8bit	16bit

从站接收数据后的反馈传输格式见表 8-5。

表　8-5

从站地址	功能码	反馈数据	CRC 校验
8bit	8bit	N*8bit	16bit

从表 8-4 和表 8-5 可以看到，唯一不同的就是传输数据与反馈数据，主站发出的传输数据格式和从站发出的反馈数据格式都与功能码的选择有关。

例如：假设上位机要获取从站地址为 10（十进制）的西门子 PLC 的 Q0.0 ~ Q1.7 共 16bit 的输出数据，功能码使用 0x01 获取线圈信息，那么作为主站的上位机的可发送数据（均以十六进制显示）见表 8-6。

表　8-6

从站地址	功能码	起始地址（高位）	起始地址（低位）	获取数量（高位）	获取数量（低位）	CRC 校验
0x0A	0x01	0x00	0x00	0x00	0x10	16bit

当从站地址为 10（十进制）的西门子 PLC 收到数据后，假设当前 Q0.0、Q0.4 和 Q1.3 的状态为 1，其余点位的状态均为 0。

1B 等于 8bit，而 PLC 的每个输出可以当成是 1bit，所以 1B 可以表示 8 个线圈状态。将 Q0.0 ~ Q0.7 换成字节，根据当前状态，二进制表示为 00010001，十六进制为表示 0x11。同理，Q1.0 ~ Q1.7 换算成二进制表示为 00001000，十六进制表示为 0x08，不足 8bit 由 0 填充。而区域字节数表示一共反馈的数据占用多少个字节。

那么从站的反馈数据（均以十六进制显示）见表 8-7。

表　8-7

从站地址	功能码	区域字节数	数据 1	数据 2	CRC 校验
0x0A	0x01	0x02	0x11	0x08	16bit

4. Modbus ASCII 的传输格式

当以 Modbus ASCII 模式传输数据时，以冒号（：）作为开始字符，以回车换行（CR，LF）作为结束字符。ASCII 字符的码值可通过 ASCII 字符代码表查得，ASCII 字符代码表见表 8-8。

表 8-8

低四位		十进制	字符	ctrl	代码	字符解释	十进制	字符	ctrl	代码	字符解释	十进制	字符	十进制	字符	十进制	字符	十进制	字符	十进制	字符	十进制	字符	ctrl
		ASCII 非打印控制字符										ASCII 打印字符												
		高四位										高四位												
		0000					0001					0010		0011		0100		0101		0110		0111		
		0					1					2		3		4		5		6		7		
0000	0	0	BLANK NULL	^@	NUL	空	16	▶	^P	DLE	数据链路转意	32		48	0	64	@	80	P	96	`	112	p	
0001	1	1	☺	^A	SOH	头标开始	17	◄	^Q	DC1	设备控制 1	33	!	49	1	65	A	81	Q	97	a	113	q	
0010	2	2	●	^B	STX	正文开始	18	↕	^R	DC2	设备控制 2	34	"	50	2	66	B	82	R	98	b	114	r	
0011	3	3	♥	^C	ETX	正文结束	19	‼	^S	DC3	设备控制 3	35	#	51	3	67	C	83	S	99	c	115	s	
0100	4	4	♦	^D	EOT	传输结束	20	¶	^T	DC4	设备控制 4	36	$	52	4	68	D	84	T	100	d	116	t	
0101	5	5	♣	^E	ENQ	查询	21	§	^U	NAK	反确认	37	%	53	5	69	E	85	U	101	e	117	u	
0110	6	6	♠	^F	ACK	确认	22	■	^V	SYN	同步空闲	38	&	54	6	70	F	86	V	102	f	118	v	
0111	7	7	●	^G	BEL	震铃	23	↕	^W	ETB	传输块结束	39	'	55	7	71	G	87	W	103	g	119	w	
1000	8	8	◘	^H	BS	退格	24	↑	^X	CAN	取消	40	(	56	8	72	H	88	X	104	h	120	x	
1001	9	9	○	^I	TAB	水平制表符	25	↓	^Y	EM	媒体结束	41	)	57	9	73	I	89	Y	105	i	121	y	
1010	A	10	◙	^J	LF	换行/新行	26	→	^Z	SUB	替换	42	*	58	:	74	J	90	Z	106	j	122	z	
1011	B	11	♂	^K	VT	竖直制表符	27	←	^[	ESC	转意	43	+	59	;	75	K	91	[	107	k	123	{	
1100	C	12	♀	^L	FF	换页/新页	28	∟	^\	FS	文件分隔符	44	,	60	<	76	L	92	\	108	l	124	|	
1101	D	13	♪	^M	CR	回车	29	↔	^]	GS	组分隔符	45	–	61	=	77	M	93	]	109	m	125	}	
1110	E	14	♫	^N	SO	移出	30	▲	^6	RS	记录分隔符	46	.	62	>	78	N	94	^	110	n	126	~	
1111	F	15	☼	^O	SI	移入	31	▼	^-	US	单元分隔符	47	/	63	?	79	O	95	_	111	o	127	Δ	^Back space

那么其主站发送格式见表 8-9。

表 8-9

起始	从站地址	功能码	数据	LRC 校验	结束
1 字符 :	2 字符	2 字符	0-2*252 字符	2 字符	2 字符 CR，LF

从站收到主站数据后，做出反馈格式，如表 8-10 所示。

表 8-10

起始	从站地址	功能码	反馈数据	LRC 校验	结束
1 字符 :	2 字符	2 字符	0-2*252 字符	2 字符	2 字符 CR，LF

还是以 Modbus RTU 的示例来解析 Modbus ASCII 模式下如何进行数据的传输。

假设上位机要获取从站地址为 10（十进制）的西门子 PLC 的 Q0.0 ～ Q1.7 共 16bit 的输出数据，西门子 PLC 当前 Q0.0、Q0.4 和 Q1.3 的状态为 1，其余点数状态均为 0。功能码使用 0x01 获取线圈信息，那么作为主站的上位机可发送数据见表 8-11。

表　8-11

起始	从站地址	功能码	起始地址（高位）	起始地址（低位）	获取数量（高位）	获取数量（低位）	LRC 校验	结束
1 字符 :	"0"，"A"	"0"，"1"	"0"，"0"	"0"，"0"	"0"，"0"	"1"，"0"	2 字符	2 字符 CR，LF
0x3A	0x30，0x41	0x30，0x31	0x30，0x30	0x30，0x30	0x30，0x30	0x31，0x30	16bit	0x0D，0x0A

当对应从站收到信息后做出反馈，数据见表 8-12。

表　8-12

起始	从站地址	功能码	区域字节数	数据 1	数据 2	LRC 校验	结束
1 字符 :	"0"，"A"	"0"，"1"	"0"，"2"	"1"，"1"	"0"，"8"	2 字符	2 字符 CR，LF
0x3A	0x30，0x41	0x30，0x31	0x30，0x32	0x31，0x31	0x30，0x38	16bit	0x0D，0x0A

通过表 8-11 和表 8-12 不难发现，Modbus ASCII 模式将十六进制显示的数值拆分成两个字符，通过 ASCII 表换算成字节进行数据的传输。

由此可知，在主站要获取相同的数据时，Modbus RTU 模式只需要发送 8B，而 Modbus ASCII 模式需要发送 17B。Modbus RTU 模式有更快更简单的传输模式，因而得到市场上的广泛应用。

8.1.2　Modbus TCP 协议

根据 TCP/IP 的网络传输特性，从一主多从演变为多客户端、多服务器。客户端为主站，服务器为从站，而且只能客户端主动发送信息给服务端，服务端收到对应功能码之后反馈相应的信息。

网络通信中除了有 IP 地址，还有端口号。那么 Modbus TCP 分配到的唯一端口号是 502。

为了便于传输数据与保证数据的完整性，如 RTU 模式引入了 3.5 字符时间间隔作为数据发送完毕信号，引入 CRC 作为错误校验；ASCII 则引入 "："作为数据发送头字符，引入 LRC 作为错误校验。同样 TCP 模式中也引入了 MBPA 报头，完整的发送格式如图 8-3 所示。

MBAP 报头

传输标识	协议标识	字节长度	单元标识符	功能码	发送数据
2B	2B	2B	1B	1B	NB

图　8-3

从图 8-3 中可以看到，传输标识、协议标识、字节长度、单元标识符一共 7B 组成了 MBAP 报头。

传输标识：表示区分当前传输的状态，可以设置为 0，也可以每次传输一次数据后自动 +1。无特别要求可自由设置，由客户端决定数值，服务端收到后返回相同的数值。

协议标识：根据规定，Modbus TCP 协议的固定标识为 "0x00，0x00"。

字节长度：记录从单元标识符开始的后面字节数量，最长不能超过 256B。

单元标识符：若只进行 TCP/IP 之间的设备通信，那么单元标识符是无用的，必须使用 0xFF 填充；若 Modbus 串行与 Modbus TCP 混合使用的情况下，那么单元标识符就是必须要使用的，还要根据当前的站号来选择（1～247）。

理论上讲是比较复杂的，但是实际应用时就比较简单了，除了协议标识是固定为"0x00，0x00"，字节长度根据实际长度变化之外，其他的传输标识、单元标识符都是可以根据客户端自己定义的，发送过去后服务端返回相同的数值。

功能码与发送数据都跟 Modbus 串行协议一致。

由于 TCP/IP 协议已经确保了数据的安全性，所以在 Modbus TCP 中不再需要 CRC 或 LRC 等校验功能。

例如：上位机要写入 1 个数值为 76（0x4C）到西门子 PLC 保持寄存器的第 5 个位置上，使用功能码 0x10（写入多个保持寄存器），上位机的发送数据见表 8-13。

表 8-13

传输标识 (2B)	协议标识 (2B)	字节长度 (2B)	单元标识符 (1B)	功能码 (1B)	起始地址 (2B)	传输数量 (2B)	数据 1 (2B)
0x00，0x00	0x00，0x00	0x00，0x07	0xFF	0x10	0x00，0x05	0x00，0x01	0x4C

当西门子 PLC 收到数据后，将保持寄存器的第 5 个位置的值改为 76，并反馈数据，见表 8-14。

表 8-14

传输标识 (2B)	协议标识 (2B)	字节长度 (2B)	单元标识符 (1B)	功能码 (1B)	起始地址 (2B)	传输数量 (2B)
0x00，0x00	0x00，0x00	0x00，0x06	0xFF	0x10	0x00，0x05	0x00，0x01

8.1.3　公共功能码传输格式大全

不管是 Modbus RTU、Modbus ASCII 还是 Modbus TCP，虽然其通信格式不同，但是使用的功能码以及功能码传输格式是不变的，如图 8-4 所示。

图 8-4

下面展示所有的功能码与其传输格式。

1. 用于读取位

0x01：读取线圈输出状态。

0x02：读取输入状态。

这两个功能码都是读取位数据，因此其格式如下：

1）主站发出的数据格式如图 8-5 所示。

功能码	起始地址 （高位）	起始地址 （低位）	寄存器数 （高位）	寄存器数 （低位）

图　8-5

2）主站接收到的反馈数据格式如图 8-6 所示。

数据域字节数表示接收到有效数据的数量，如果最多收到 3 个数据（不包含校验和），那么数据域字节数为 3。

功能码	数据域 字节数	数据 1	数据 2	数据 3	…

图　8-6

2. 用于读取字

0x03：读取保持寄存器。

0x04：读取输入寄存器。

主站发出的数据格式如图 8-7 所示。

功能码	起始地址 （高位）	起始地址 （低位）	寄存器数 （高位）	寄存器数 （低位）

图　8-7

主站接收到的反馈数据格式如图 8-8 所示。数据域字节数表示接收到有效数据的数量，如果收到 2 个数据，每个数据占 2B，那么数据域字节数为 4。

功能码	数据域 字节数	数据 1 （高位）	数据 1 （低位）	数据 2 （高位）	数据 2 （低位）	…

图　8-8

3. 用于写入单个线圈或寄存器

0x05：写入单个线圈。

0x06：写入单个保持寄存器。

主站发出的数据格式如图 8-9 所示。其中 0x05 功能码是将单个线圈设置为 ON 或 OFF，因此规定发送的两个高低位字节中，0xFF00 表示 ON 状态，0x0000 表示 OFF 状态，其他数据均为非法输入。

功能码	起始地址 （高位）	起始地址 （低位）	变更数据 （高位）	变更数据 （低位）

图　8-9

主站发出的数据，从站接收到后会返回相同的数据，格式如图 8-10 所示。

功能码	起始地址 （高位）	起始地址 （低位）	变更数据 （高位）	变更数据 （低位）

图 8-10

4. 用于写入多个线圈

0x0F：写入多个线圈。

主站发出的数据格式如图 8-11 所示。寄存器数和字节数表示变更数据的字节数量。

功能码	起始地址 （高位）	起始地址 （低位）	寄存器数 （高位）	寄存器数 （低位）	字节数	变更数据 （高位）	变更数据 （低位）

图 8-11

主站接收到的反馈数据格式如图 8-12 所示。从站会返回相同的起始地址和寄存器数。

功能码	起始地址 （高位）	起始地址 （低位）	寄存器数 （高位）	寄存器数 （低位）

图 8-12

5. 用于写入多个寄存器

功能码：0x10：写入多个保持寄存器。

主站发出的数据格式如图 8-13 所示。可用于写入 1 ～ 123 个寄存器。在广播模式下，可以将所有从站的数据统一修改。字节数表示要变更的字节数量，若要变更 3 个数据，则字节数为 6。

功能码	起始地址 （高位）	起始地址 （低位）	寄存器数 （高位）	寄存器数 （低位）	字节数	变更数据 1 （高位）	变更数据 1 （低位）	…

图 8-13

主站接收到的反馈数据格式如图 8-14 所示。从站会返回相同的起始地址和寄存器数。

功能码	起始地址 （高位）	起始地址 （低位）	寄存器数 （高位）	寄存器数 （低位）

图 8-14

6. 0x08：诊断功能（只能用于串行协议）

主站发出的数据格式如图 8-15 所示。子功能码不同的数值具有不同的含义，数据由子功能码决定。

功能码	子功能码 （高位）	子功能码 （低位）	数据 （高位）	数据 （低位）

图 8-15

主站接收到的反馈数据格式如图 8-16 所示。诊断功能正常则会返回相同的数据给主站，若发生异常则会返回 1 个异常相应的数据。

功能码	子功能码 （高位）	子功能码 （低位）	数据 （高位）	数据 （低位）

图 8-16

常用诊断功能见表 8-15。

表　8-15

诊断功能	子功能码	发送数据	反馈数据
原样返回相同查询报文	0x0000	任意数据	返回相同数据
重启通信选项	0x0001	0x0000：保持事件记录 0xFF00：清除事件记录	返回相同数据
返回诊断寄存器	0x0002	0x0000	诊断寄存器的内容
清除计数器和诊断寄存器	0x000A	0x0000	返回相同数据
返回总线报文计数	0x000B	0x0000	返回报文的计数值
返回总线通信 CRC 差错计数	0x000C	0x0000	返回报文的 CRC 错误总数
返回总线异常差错计数	0x000D	0x0000	返回异常相应的总数
返回从站设备报文总数	0x000E	0x0000	返回从站设备接收报文总数
返回从站设备无相应计数	0x000F	0x0000	返回加电后没有返回相应的报文数量

7. 0x0B：获取通信事件计数器

主站直接发送功能码即可。

主站接收到的反馈数据格式如图 8-17 所示。若从站当前状态繁忙，则返回状态字 0xFFFF；若从站当前状态空闲，则返回状态字 0x0000。

功能码	状态字（高位）	状态字（低位）	事件计数（高位）	事件计数（低位）

图　8-17

8. 0x0C：获取通信事件记录

主站直接发送功能码即可。

主站接收到从站反馈的数据格式如图 8-18 所示。状态字、事件计数与 0x0B 的相同，字节数表示反馈有效数据的字节数量，例如反馈数据中到事件 5，则字节数为 11。事件范围为 0 ～ 64，最多占用 64B。

功能码	字节数	状态字（高位）	状态字（低位）	事件计数（高位）	事件计数（低位）	消息计数（高位）	消息计数（低位）	事件 0	事件 1	…	事件 N

图　8-18

9. 0x11：报告从站 ID（仅用于串行链路）

主站直接发送功能码即可。

主站接收到从站反馈的数据格式如图 8-19 所示。字节数表示反馈的有效字节数量，运行状态表示从站当前状态，0x00 表示 OFF，0xFF 表示 ON。附加信息是由开发者自定义组成的。

功能码	字节数	从站 ID	运行状态	附加信息 1	附加信息 2	…

图　8-19

157

8.2 ABB 工业机器人应用解析

8.2.1 硬件连接

使用 Modbus TCP 通信，可使用 ABB 工业机器人自带的 LAN 3 接口进行连接，如图 8-20 所示。

图 8-20

连接 LAN 3 端口需要设定相关的 IP 地址，设置步骤可见 6.2.2 节。

8.2.2 指令编写

ABB 工业机器人没有专门的 Modbus TCP 指令，但是我们可以根据 Modbus TCP 的传输特性，使 ABB 工业机器人作为客户端来访问服务端。可使用 Socket 指令，按照 Modbus TCP 的格式要求进行数据的传输。相关的 Socket 指令可参考第 7 章。

假设，ABB 工业机器人现在要读取上位机（IP 地址：192.168.0.1）的保持寄存器的值，从第 6 位开始读取 10 个值，使用的功能码为 0x03。

1）ABB 工业机器人作为客户端，需要连接服务端而且 Modbus TCP 的唯一端口号为 502，那么对应程序如图 8-21 所示。

2）连接成功后，就需要传输数据。根据 Modbus TCP 的格式要求填入对应数据，如图 8-22 所示。详细讲解如图 8-23 所示。

3）当数据发送过去后，再使用接收指令，会收到上位机反馈的数据：0x00 0x00 0x00 0x00 0x00 0x0D 0xFF 0x03 0x14……（后面 10 个字节的数据），如图 8-24 所示。

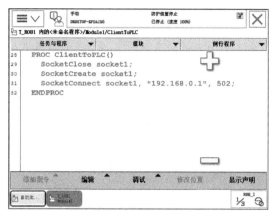

图　8-21

图　8-22

```
PROC ClientToPLC()
    SocketClose socket1;
    SocketCreate socket1;
    SocketConnect socket1, "192.168.0.1", 502;
    Send_Byte{1} := 0x00;
    Send_Byte{2} := 0x00;   // 1、2字节表示传输标识
    Send_Byte{3} := 0x00;
    Send_Byte{4} := 0x00;   // 3、4字节表示协议标识，固定为0x00，0x00
    Send_Byte{5} := 0x00;
    Send_Byte{6} := 0x06;   // 5、6字节表示字节长度
    Send_Byte{7} := 0xFF;   // 7字节表示单元标识符
    Send_Byte{8} := 0x03;   // 8字节表示功能码
    Send_Byte{9} := 0x00;
    Send_Byte{10} := 0x06;  // 9、10字节表示起始位置
    Send_Byte{11} := 0x00;
    Send_Byte{12} := 0x0A;  // 11、12字节表示读取数量
    Send_Num := 12;         //表示发送字节数
    SocketSend socket1\Data:=Send_Byte\NoOfBytes:=Send_Num;
ENDPROC
```

图　8-23

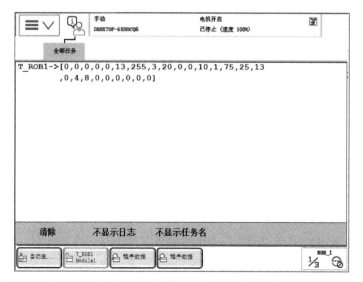

图　8-24

159

8.3 西门子 S7-1200 应用解析

西门子 S7-1200 有专门的指令用于 Modbus TCP 通信，单击"指令"→"通信"→"其它"→"Modbus TCP"，在打开的列表下有两条专门的指令："MB_CLIENT"和"MB_SERVER"，它们分别作用于客户端和服务器，如图 8-25 所示。

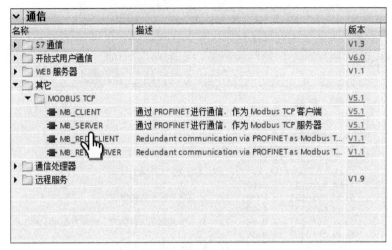

图 8-25

1. Modbus TCP 客户端指令 MB_CLIENT 的解析

MB_CLIENT 指令作为 Modbus TCP 客户端通过 PROFINET 连接进行通信。通过指令，可以在客户端和服务器之间建立连接、发送 Modbus 请求、接收响应并控制 Modbus TCP 客户端的连接终端。

1）双击指令列表的"MB_CLIENT"指令添加在程序中，如图 8-26 所示。

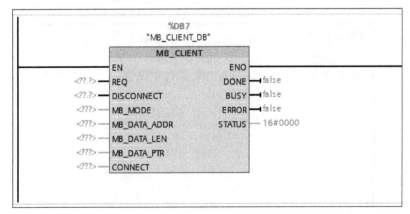

图 8-26

2）图 8-26 所示的 MB_CLIENT 各个引脚的含义如下：

REQ：每接通 1 次，请求与服务器连接。

DISCONNECT：控制与服务器的连接状态，0 表示建立连接、1 表示断开连接。

MB_MODE：选择 Modbus 功能，可选择 0、1、2 等。

MB_DATA_ADDR：访问数据的起始地址，与 MB_MODE 的参数有关。

MB_DATA_LEN：访问数据的长度。

MB_DATA_PTR：数据保存地址。

CONNECT：指向连接描述结构的指针。

DONE：Modbus 作业完成，输出 1。

BUSY：正在处理 Modbus 请求时，输出 1。

ERROR：报错时，输出 1。

STATUS：错误信息。

3）在指令 MB_CLIENT 中，MB_MODE、MB_DATA_ADDR、MB_DATA_LEN 3 个参数按照表 8-16 中的规定进行添加，即可实现相应的功能。

表　8-16

MB_MODE	MB_DATA_ADDR	MB_DATA_LEN	Modbus 功能	具体使用功能
0	1～9999	1～2000	01	在远程地址 0～9998 处，读取 1～2000 个输出位
0	10001～19999	1～2000	02	在远程地址 0～9998 处，读取 1～2000 个输入位
0	40001～49999	1～125	03	在远程地址 0～9998 处，读取 1～125 个保持寄存器
0	30001～39999	1～125	04	在远程地址 0～9998 处，读取 1～125 个输入字
1	1～9999	1	05	在远程地址 0～9998 处，写入 1 个输出位
1	40001～49999	1	06	在远程地址 0～9998 处，写入 1 个保持寄存器
1	1～9999	2～1968	15	在远程地址 0～9998 处，写入 2～1968 个输出位
1	40001～49999	2～123	16	在远程地址 0～9998 处，写入 2～123 个保持寄存器

4）按照上述的参数进行填写，对应为：0、10011、5，表示读取远程设备 10～14 的输入位。假设远程设备也是西门子 PLC，那么将会读取 i1.2～i1.6 的状态，如图 8-27 所示。

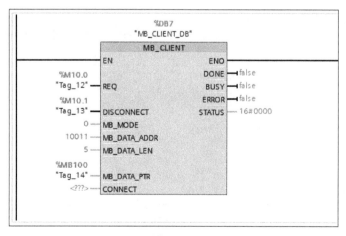

图　8-27

5）还有最后 1 个参数 CONNECT，需要添加 1 个数据块，再添加 1 个"名称"为"ClientData"、"数据类型"为"TCON_IP_v4"的参数。需要注意的是，"TCON_IP_v4"需要手动添加，无法从类型列表中找到，如图 8-28 所示。

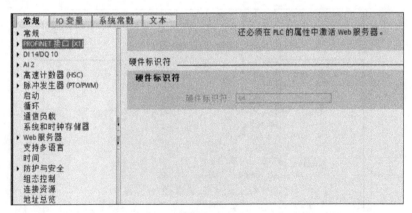

		名称	数据类型	起始值	保持	可从HMI/
1		▼ Static				
2		▼ ClientData	TCON_IP_v4		☐	☑
3		InterfaceId	HW_ANY	0		☑
4		ID	CONN_OUC	16#0		☑
5		ConnectionType	Byte	16#0B		☑
6		ActiveEstablished	Bool	false		☑
7		▼ RemoteAddress	IP_V4			☑
8		▼ ADDR	Array[1..4] of Byte			☑
9		ADDR[1]	Byte	16#0		☑
10		ADDR[2]	Byte	16#0		☑
11		ADDR[3]	Byte	16#0		☑
12		ADDR[4]	Byte	16#0		☑
13		RemotePort	UInt	0		☑
14		LocalPort	UInt	0		☑
15		<新增>				

图 8-28

6）图 8-28 所示的参数中，包含了连接的类型、连接端口、连接 IP 地址等信息，具体如下：

InterfaceId：硬件标识符。

ID：连接 ID，取值范围为 1 ~ 4095。

ConnectionType：连接类型，对于 TCP 连接应选择 11（十六进制表示为 16#0B）。

ActiveEstablished：建立对应 ID 的连接方式，对于主动建立连接，应该选择 TRUE。

RemoteAddress：连接伙伴的 IP 地址。

RemotePort：远程伙伴的端口号，对于使用 Modbus TCP 的情况，系统默认分配到的固定的端口号为 502。

LocalPort：本地连接伙伴的端口号，范围为 1 ~ 49151，任意端口选择 0。

7）查看"硬件标识符"，可通过设备查看 PLC"常规"菜单中的"PROFINET 接口 [X1]"，如图 8-29 所示。

图 8-29

8）将参数都填入后的界面如图 8-30 所示。

9）最后在指令中将 CONNECT 参数填上，Modbus TCP 的客户端就设定完成了，如图 8-31 所示。右侧的输出端口可根据需求进行添加，用来获取当前的状态以及故障代码，具体状态与错误代码可查看系统手册。

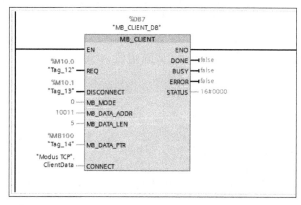

图　8-30

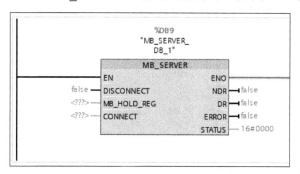

图　8-31

2. Modbus TCP 服务器指令 MB_SERVER 的解析

MB_SERVER 指令作为 Modbus TCP 服务器通过 PROFINET 连接进行通信。该指令将处理 Modbus TCP 客户端的连接请求、接收并处理 Modbus 请求并发送响应。

1）在指令列表中添加"MB_SERVER"指令到程序中，如图 8-32 所示。

图　8-32

2）添加指令时可以发现参数比较少，设定起来也比较简单，各引脚的含义如下：

DISCONNECT：控制与客户端的连接，0 表示建立被动连接、1 表示断开连接。

MB_HOLD_REG：指向保持寄存器的存储位置。可使用具有优化访问权限的全局数据块，也可使用位存储器的存储区。

CONNECT：指向连接描述结构的指针，与 MB_CLIENT 指令大致相同

NDR：当从客户端写入数据时，状态为 1。

DR：当从客户端读取数据时，状态为 1。

ERROR：出现错误时，状态为 1。

STATUS：当前状态信息。

3）CONNECT 数据，需要添加数据块，再新建一个"名称"为"ServerData"、"数据类型"为"TCON_IP_v4"的参数，如图 8-33 所示。其参数含义如下所示：

InterfaceId：硬件标识符。

ID：连接 ID，取值范围为 1 ～ 4095。

ConnectionType：连接类型，对于 TCP 连接应选择 11（十六进制表示为 16#0B）。

ActiveEstablished：建立对应 ID 的连接方式，对于被动建立连接，应该选择 FASLE。

RemoteAddress：连接伙伴的 IP 地址，若要允许任意客户端的连接请求，应设定为 0.0.0.0。

RemotePort：远程伙伴的端口号，若要允许任意客户端的连接请求，应设定为 0。

LocalPort：本地连接伙伴的端口号，默认固定值为 502。

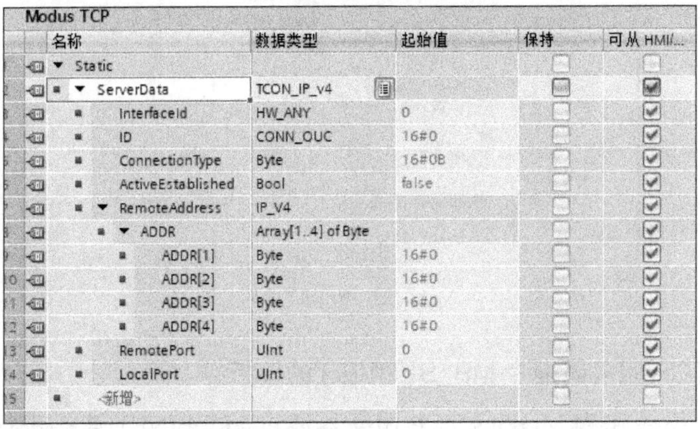

图 8-33

4）将参数按照要求进行修改后的界面如图 8-34 所示。

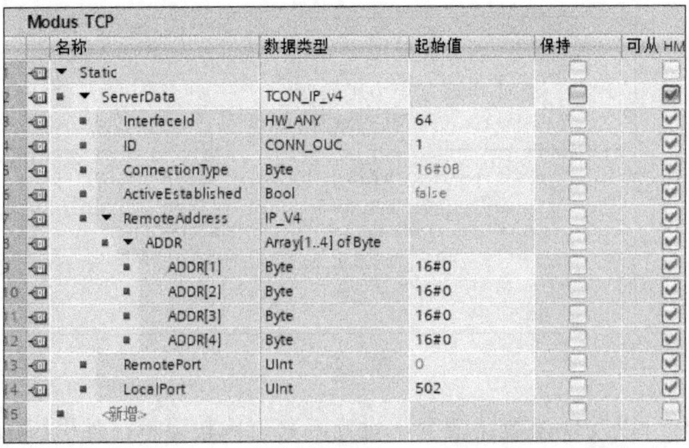

图 8-34

5）最后将参数都填入到指令 MB_SERVER 中，如图 8-35 所示。右侧的状态信息与错误代码可根据需求进行设定。

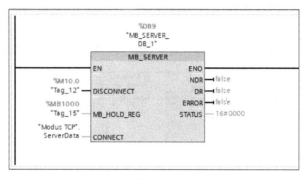

图　8-35

8.4　工业机器人与 PLC 应用实例

1．项目要求

项目中各设备之间采用 Modbus TCP 协议进行通信。其中包含 ABB 工业机器人与西门子 PLC。现在要求 ABB 工业机器人要将当前的状态发送给西门子 PLC。

2．地址分配

由工程师分配地址，将西门子的 MW200 作为 ABB 工业机器人工作状态的存储地址。见表 8-17。

表　8-17

ABB 工业机器人状态	西门子 PLC
工位 1 作业中	M200.0
工位 2 作业中	M200.1
工位 3 作业中	M200.2
工位 4 作业中	M200.3
...	...

3．硬件连接

通过工业以太网进行通信的设备硬件连接都比较方便简单，多台设备就添加交换机，将所有网线连接在一起即可，如图 8-36 所示。

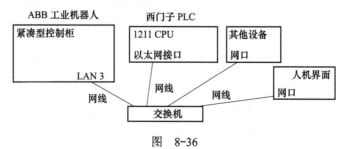

图　8-36

4. 参数设置

使用 Modbus TCP，各个设备之间都需要设定对应的 IP 地址，IP 地址在同一网段，且最后 1 位不重复即可。

现在为 ABB 工业机器人设定本地的"IP"地址为"192.168.1.49"，如图 8-37 所示。

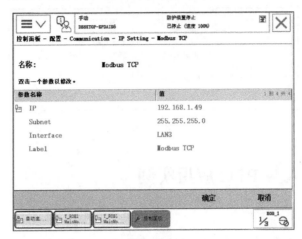

图 8-37

设定西门子 PLC 的"IP 地址"为"192.168.1.50"，如图 8-38 所示。

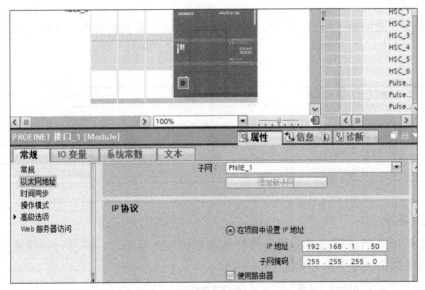

图 8-38

其余设备，例如人机界面可以将 IP 地址设定为 192.168.1.51；其他设备可以将 IP 地址设定为 192.168.1.52。

5. ABB 工业机器人程序的编写

1）由于 ABB 工业机器人是没有指令支持 Modbus TCP 的，使用的是 ABB 工业机器人的以太网功能，再根据 Modbus TCP 的格式要求进行数据的传输。那么要使用 ABB 工业机器人的以太网功能，就需要提前确认是否有 "616-1 PC Interface" 选项，如图 8-39 所示。

2）ABB 工业机器人没有专用的指令，因此只能作为客户端。一般来说，客户端连接服务器的程序 rModbusTCP( ) 可以放在初始化程序中，每次运行前连接一次即可，如图 8-40 所示。

图　8-39　　　　　　　　　　　　　　　　图　8-40

3）添加用于传输数据的字节变量 Modbus_SendByte{15}、Modbus_ReveiceByte{25}，以及用于保存当前状态的布尔量变量 Station_Status{8}。数组的大小可以根据实际使用而定，若不好判断可以将数组设定大一点，避免数组不够而出现传输不完全的情况。如图 8-41 ～图 8-43 所示。

4）变量创建完成后，根据要求，ABB 工业机器人需要写入 1 个保持寄存器到西门子 PLC 中，根据 Modbus 功能码，选择 0x06（写入单个保持寄存器）。按照 Modbus TCP 的格式要求带入对应的数据，当数据发送成功后，会返回相同的值存入 Modbus_ReveiceByte 中，返回的数据可用于校验，检测发送与接收的数据是否一致，如图 8-44 所示。

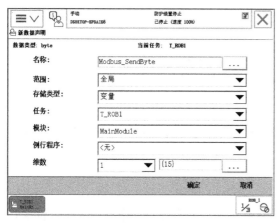

图　8-41　　　　　　　　　　　　　　　　图　8-42

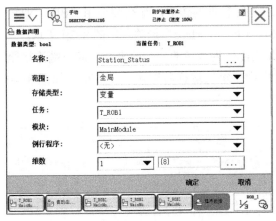 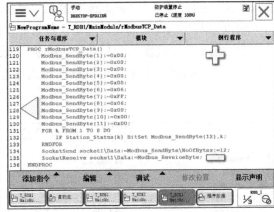

图 8-43　　　　　　　　　　　　图 8-44

5）数据传输程序 rModbusTCP_Data() 需要在运行中才能进行数据的传输，可以将其放入中断任务中或放入多任务中。

放入多任务中需要注意哪些数据是需要任务之间共用的，根据此项目，只有 Station_Status{8} 要将存储类型改为可变量。使用 Modbus TCP 最好不要频繁地断开连接，因此可以在后台任务 T_BACK 中使主程序使用如图 8-45 所示的编程方式。

6）根据图 8-45 所示的形式传输数据容易出现一种情况，就是连接 1 次后，当硬件或西门子 PLC 出现故障而断开连接时需要 ABB 工业机器人重新连接。因此可以在 rModbusTCP_Data() 中添加错误处理程序，当指令 SocketSend 发送数据的时候若连接断开，则会跳入错误处理器，重新连接服务端，如图 8-46 所示。

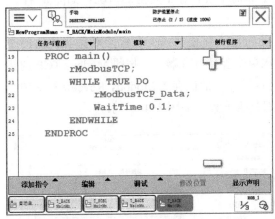

图 8-45　　　　　　　　　　　　图 8-46

7）将通信连接设定并测试无误后，就可以编写正常的运行程序，通过设定 Station_Status{1-8} 的值来表示 ABB 工业机器人当前的状态。

6. 西门子 PLC 程序的设定

1）西门子 PLC 有特定的指令用于 Modbus TCP 通信，许多操作参数都由开发者设定好了，我们直接添加"MB_SERVER"指令，设定相关参数，并将起始地址设定为 MW200 即可，如图 8-47 所示。

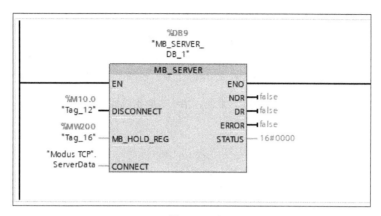

图 8-47

2）若需要只允许 ABB 工业机器人连接该 ID 的服务器，可将参数中的"ADDR"改为 ABB 工业机器人的 IP 地址。在参数中需要注意十进制与十六进制的转换，如图 8-48 所示。

	名称			数据类型	起始值	保持	可从 HMI/...	从 H...
	▼ Static					☐		
	■ ▼ ServerData			TCON_IP_v4		☐	☑	☑
		■	InterfaceId	HW_ANY	64		☑	☑
		■	ID	CONN_OUC	1	☐	☑	☑
		■	ConnectionType	Byte	16#0B		☑	☑
		■	ActiveEstablished	Bool	false	☐	☑	☑
		■ ▼	RemoteAddress	IP_V4		☐	☑	☑
		■ ▼	ADDR	Array[1..4] of Byte		☐	☑	☑
			■ ADDR[1]	Byte	16#C0		☑	☑
0			■ ADDR[2]	Byte	16#A8		☑	☑
1			■ ADDR[3]	Byte	16#1		☑	☑
2			■ ADDR[4]	Byte	16#31		☑	☑
3		■	RemotePort	UInt	0		☑	☑
4		■	LocalPort	UInt	502		☑	☑
5		■	<新增>			☐	☐	☐

图 8-48

根据上述操作，即可完成 ABB 工业机器人与西门子 PLC 之间的 Modbus TCP 通信。同时大家也可以思考，若相互之间传输的数据比较复杂，不仅要写入数据，还要读取数据，那么 ABB 工业机器人的程序又该如何修改。

参 考 文 献

[1] 李正军. 现场总线与工业以太网及其应用技术 [M]. 北京：机械工业出版社，2016.

[2]   杨更更. Modbus 软件开发实战指南 [M]. 北京：清华大学出版社，2017.